高效能人士的七个习惯

[美]史蒂芬·柯维◎著

THE 7 HABITS OF HIGHLY EFFECTIVE PEOPLE

钻石版

Stephen R. Covey

中国青年出版社
CHINA YOUTH PRESS

图书在版编目（CIP）数据

高效能人士的七个习惯：钻石版 /（美）史蒂芬·柯维著；
高新勇，王亦兵，葛雪蕾译.
—3 版.—北京：中国青年出版社，2018.6
书名原文：The 7 Habits of Highly Effective People
ISBN 978-7-5153-5062-2

Ⅰ.①高… Ⅱ.①史… ②高… ③王… ④葛…
Ⅲ.①成功心理—通俗读物 Ⅳ.① B848.4-49

中国版本图书馆 CIP 数据核字（2018）第 044127 号

高效能人士的七个习惯：钻石版

作　　者：[美] 史蒂芬·柯维
译　　者：高新勇　王亦兵　葛雪蕾
责任编辑：周　红
美术编辑：李　甦
出　　版：中国青年出版社
发　　行：北京中青文文化传媒有限公司
电　　话：010-65511272 / 65516873
公司网址：www.cyb.com.cn
购书网址：zqwts.tmall.com
印　　刷：大厂回族自治县益利印刷有限公司
版　　次：2002年11月第1版
2018年6月第3版
印　　次：2025年7月第232次印刷
开　　本：787mm × 1092mm　1/16
字　　数：169千字
印　　张：16
京权图字：01-2015-5672
书　　号：ISBN 978-7-5153-5062-2
定　　价：49.90元

赞誉之辞

《高效能人士的七个习惯》是面对高度不确定性的环境，提升自我与组织的适应能力的根本解决方案。以不变的好习惯把握瞬息万变下的潜在机会，是每个管理者的核心能力。这套方法也是高效平衡人与事的支点，事半功倍的撬动点，是数字化时代获得持续成功的锦囊法宝。

——涂益华｜阿斯利康制药有限公司　大学校长、执行总监

生活中，有许多阻碍和挑战。我尝试过很多自助资源，也采用过很多成功的管理实践。但多年来的经验让我逐渐意识到，你只需要培养一个习惯，那就是真正拥抱、采纳和实践《高效能人士的七个习惯》。它不仅是工作中的高效能工具，还是管理自己和让自己变得更优秀的有效方法。“七个习惯”让我成为一个更善解人意、更加专注、不失理性又拥有更多同理心的人。

——姚兆然（Franco lo）｜广州花园酒店　总经理

所有千亿级美金的公司都有一个很大的特点：他们都会在团队里修一条“路（系统）”，帮助整个团队创建共同的语言基础。卓越组织内部的系统与服务用户的系统一样好用。我在设计组织建设时，聚焦两件事：培养成熟思维（系统型人才），有效落地组织价值观。系统型人才能够通过网状结构进行协作，有自己强效的判断力、决策力、领导力和协作力。《高效能人士的七个习惯》是我过去20年来

创业和生活中，遇到的一套最好的系统和教程，它帮助我成为优秀的个体，又成为优秀的管理者，最终成为优秀的领导者。同时，它帮助我创办企业，培养大量的优秀管理者和卓越的领导梯队。“七个习惯”不仅使我们每个人变强，也让团队变得更有竞争力。

——李想｜理想汽车　首席执行官

《高效能人士的七个习惯》是对我影响特别大的一本书。很幸运，能在24岁时读了这本书，在特别早的时候，形成理解这个世界的思维框架。推荐给所有人，希望你们也能获得同样的点亮和启发。

——刘润｜润米咨询　创始人，前微软战略合作总监

《高效能人士的七个习惯》曾是我们全员投票选出的影响公司20年的20本书之一。书中的很多思想我们一直在学习和实践。这本经典著作在面对高度的不确定性的当下，仍值得我们重温。我们既要把变化当作机会，“积极主动”地创新求变，更要“以终为始”，向着使命与梦想坚定前行，多一份定力少一份焦虑。方向对了就不怕路远，好书历久弥新，经典永不褪色。

——俞江林｜无限极（中国）　高级副总裁

《高效能人士的七个习惯》已经成为一个遍布全球企业界、政界和非营利组织的普遍现象，并一直对组织的成功和个人的效能产生着深远的影响。

——陈俐同｜富兰克林柯维（FranklinCovey）
新加坡和大中华区总裁

《高效能人士的七个习惯》在中国移动有着非凡的影响力，使我们的团队充满着激情和澎湃的动力。

——徐达｜上海移动　董事长、总经理

《高效能人士的七个习惯》的学习，令人们在工作、人生方面都有颇多受益。非常好。

——叶健｜中国惠普有限公司
全球副总裁、企业集团中国区总经理

自2006年以来，宜信所走过的改革创新道路的背后，都是“七个习惯”成就的。“七个习惯”已经成为3万多宜信人血液里的坚持与信仰。

——唐宁｜宜信公司　创始人、CEO

《高效能人士的七个习惯》已经成为了华泰保险集团所有领导、教练和员工的必修。

——吕通云｜华泰保险集团股份有限公司
助理总经理兼首席人才官

到目前为止，西门子中国有4000多员工上过《高效能人士的七个习惯》培训课程。“七个习惯”对员工个人发展，及对支持西门子战略的人才发展方面，都起到了非常积极的作用。

——刘雁｜西门子（中国）有限公司
西门子管理学院院长

1989年，我第一次读《高效能人士的七个习惯》，当时我只是个年轻的程序员。多年来，我在生活和事业上都在使用“七个习惯”准则。

——汤姆·谢尔｜联想　个人电脑开发部副总裁兼总经理

《高效能人士的七个习惯》对我影响深远。这本书，以及这个课程，值得向很多组织和个人推荐，我一直也是这么做的。

——郑云端｜链家集团　CHO

愿《高效能人士的七个习惯》与我们常在！

——马成功｜京东　京东大学执行校长

本书是企业人才梯队培养的必修课，也是建设和打造企业文化的不二法宝。

——梁冰｜复星集团

人力资源部副总经理、复星管理学院副院长

出版30年来，《高效能人士的七个习惯》成为GE卓越领导力培训的明星课程内容，深刻影响着上千位GE领导人的管理理念，成为他们领导团队的行为标准和进行思想沟通的共同语言。

——郝晓莉｜GE医疗　中国企业大学校长

我是在1998年接触《高效能人士的七个习惯》的培训，那时我还很年轻，这门课程对我冲击很大。史蒂芬·柯维博士所倡导的这些原则，是人们一辈子都用不完、学不完的。

——凌震文｜大众点评网　人力资源副总裁

15年前，我深深地被《高效能人士的七个习惯》所吸引。多年来，我始终乐意与朋友、同事们分享柯维博士的思想精髓。

——杨迅｜上海移动　人力资源部副总经理

2001年，公司实施“七个习惯”训练项目，“七个习惯”帮助我们思考、与彼此合作并生活得充实。员工的效率大大影响了产品最终利润，结果公司成为过去十年“最佳雇主”，2012年成为“中国化妆品品牌销量第一”。

——保罗·马克｜玫琳凯（中国）化妆品有限公司　总裁

再读史蒂芬·柯维博士的《高效能人士的七个习惯》，仍像30年前出版时一样内容明确、与时俱进。这是一本必读书，更是这个时代最重要的商业书之一。

——凯文·特纳｜微软　首席运营官

史蒂芬·柯维又一次让世界看到人类本性的力量：制定生活目标，寻求双赢和理解，围绕重心充实生活。照此，我们不仅会改变自己的生活，而且能因种种举动改变世界。

——米特·罗姆尼及夫人安·罗姆尼｜美国政治家

柯维的经典著作，影响了数亿的读者，让世界变得更加和平、繁荣且目标明确。

——沃伦·本尼斯｜世界领导力大师

我总会想起1987年的那一周，我参加了“七个习惯训练班”，当时史蒂芬·柯维是我的导师。这一次训练对于我的职业和个人生活产生了重大影响。

——彼得·施密特｜好时公司　高级副总裁

《高效能人士的七个习惯》是史蒂芬·柯维留下的不可多得的财富。书的框架简单、基于原则，帮助读者成功应对生活和工作上遇到的挑战。

——莫奈尔·阿莫瑞姆｜巴西阿布里尔教育出版集团
董事长兼首席执行官

迄今为止，《高效能人士的七个习惯》是能够长时间持续位居榜单的畅销书之一。

——美国《财富》杂志

无论是在大型公司还是小学，史蒂芬·柯维的理论都能重塑我们看待生活以及领导别人的方式。本书对全世界学生的影响将会在十年之内显现。

——丹尼尔·多梅内克｜美国学校管理者协会　主任

我的职业和商界生活，无不深受史蒂芬·柯维本人及其著作《高效能人士的七个习惯》影响。作为一名军队长官，当我实践这七个并不简单的习惯时，个人得到重塑，因此我一直与身边的人分享这本书的精华。

——约翰·斯坎伦｜美国海军后备队　司令，
克利夫兰精英学校　首席运营官

《高效能人士的七个习惯》让组织成员凝聚一心。书中的智慧与企业文化完美结合，企业因此变得与众不同。

——贾娜尔妮·索乌罗｜印度尼西亚万自立银行　高管

史蒂芬·柯维的《高效能人士的七个习惯》是改变人生之旅的起点。在我心中，柯维的智慧毫无疑问地让世界上许多机构更加出色。我们的使命是传承这种智慧！

——康宁德｜TNT荷兰邮政　首席执行官

《高效能人士的七个习惯》是一本我会推荐给所有人的好书。我们公司已经把书的内容运用到了人才发展项目中。它能帮助我们获得更加清晰的目标和实现目标的高效方法。

——汉克·徐｜新加坡交通银行
太平洋信用卡中心首席执行官

奥比康公司和富兰克林柯维（FranklinCovey）已经合作10年了。结果是我们公司确实养成了“好习惯”。

——贾斯珀 · 安德森｜丹麦奥比康公司　首席执行官

作为一名教授，我见证了《高效能人士的七个习惯》给学生本人及其学术发展带来的永久变化。能够遇到史蒂芬·柯维是我的荣幸！

——加布里埃尔 · 安东尼｜博士，荷兰美素集团
青少年护理委员会　主席

《高效能人士的七个习惯》打破了我看待自己和别人的方式。我发自内心地承认，史蒂芬·柯维让我变成一个更好的人。更为重要的是，他让我变成了一个更好的教练。

——乔尔 · 斯科尔斯｜比利时纽特尔公司　创办人

非常幸运我们能在公司内部运用“七个习惯”训练项目，并且成效显著——特别是帮助我们从2011年泰国严重的洪灾中迅速恢复生产。

——萨姆潘 · 西拉帕纳德博士｜西点数据泰国子公司　副总裁

过去这四分之一个世纪以来，《高效能人士的七个习惯》一直在我最喜欢的企业管理书单上。这本书是我的最爱。书中教授的人生经验让我受益无穷，值得随时思考。

——乔尔 · 彼得森｜美国捷蓝航空公司　委员会主席

《高效能人士的七个习惯》已经影响了世界上数亿人，让他们在工作和家庭中都做到最好。本书历经时间的考验，是当代最重要的书。

——卢英德｜百事公司　首席执行官

本书萃取了史蒂芬·柯维人生哲学体系的精髓。我相信读过此书的人都会明白为什么柯维博士的指导会对我及其他人产生如此巨大的影响。

——约翰·白波｜宝洁公司　前董事长

《高效能人士的七个习惯》发人深省、内涵丰富，深深地影响了我的领导模式、职业发展和生活习惯。我在领导力方面获得的奖项和赞誉要归功于柯维博士的远见卓识。

——迈克·冯｜美国沃尔玛超市集团　前首席运营官

《高效能人士的七个习惯》为万豪国际集团在全球74个国家拓展分公司提供了成效巨大的指导。史蒂芬·柯维的洞见让我们在优质酒店管理上实现了突破。

——小马里奥｜万豪国际集团　总裁、首席执行官

我非常荣幸能够推荐《高效能人士的七个习惯》。我的生活因为这本书而有所不同。

——朱安·博尼法斯｜瓜地马拉智囊团公司
首席执行官

没人能永生不灭，但是书和思想却能保存下来。这本书和刚出版时一样，会继续焕发活力。史蒂芬·柯维的作品流芳百世。

——吉姆·柯林斯｜世界管理大师，《基业长青》作者

扫码关注“高效能人士的七个习惯”公众号
助力个体和组织提高效能

The
7 HABITS
of Highly Effective People

目录

The

7 HABITS

of Highly Effective People

序言

2001年，我第一次见到史蒂芬·柯维，当时他约我面谈，聊一聊心中的想法。我们热情问候彼此，和他握手时我感觉像是戴上了一只你用过千百次的皮制棒球手套，亲切又温暖。谈话持续了两个多小时，史蒂芬一开始便向我提问，他问了很多问题。坐在我面前的是一位教育界的泰斗，当代最有影响力的思想家之一，他却想向一个比他年轻25岁的人学习。

这次谈话终于给了我一个机会，满足我的好奇心。我开门见山地问："您是怎么想到'七个习惯'的？"

"不是我想出来的。"他回答。

"这是什么意思？"我有些错愕，"是您写了这本书。"

"是的，确实是我写的这本书，但是这些准则却是早在我之前就广为人知，"他说道，"这更像是自然法则。我只是把它们整合在一起，通过梳理分析，为人所用。"

那一刻，我开始理解为何这本书会有如此巨大的影响力。柯维花了三十多年学习、研究、实践、传授，并加以提炼和完善，最终集结成册。他并不想用这些原则来图名求利，而是想让人们学会这些原则，让原则变得可行。在他看来，创造出“七个习惯”的首要意义并非是作为个人成功的手段，而是为公众服务。

当鲍勃·惠特曼，富兰克林柯维（FranklinCovey）的执行总裁，打电话问我是否愿意为《高效能人士的七个习惯（25周年纪念版）》作序时，我的第一反应是要重读全书。其实，这本书在1989年第一次出版后不久我便读过，但此次能再次领略书中的精华是一种享受。同时，我也想重新确认：是什么让这本书能成为永恒经典？

本书奠定了其独一无二的地位，我认为有四点原因：

1. 柯维在一套完整的理论体系中，创造出一种“用户界面”，形成连贯的概念构架，加上柯维的文采，让内容变得好读可行。

2. 柯维的重点是跨越时代的亘古不变的法则。而不仅仅是一些技巧或是时下流行的理论。

3. 柯维首先写的是“塑造性格”而不是“获得成功”，因此，不仅要帮助人们变成高效能人士，还要能成为更好的领导者。

4. 柯维本身是大师级的教师，却十分谦虚，承认自己也有缺点，他立志要和大家分享所学到的知识。

史蒂芬·柯维是统合综效的大师，他在个人效能方面所做的贡献，可用图形用户界面在个人电脑上的作用作类比。苹果电脑和微软操作系统出现以前，很少有人能在日常生活中使用电脑：因为没有简单易用的用户操作界面，没有鼠标指针，没有人性化的图标，也没有层叠的多对话窗口，更别想触屏功能了。但是，Macintosh和Windows出现后，终于令普通大众体验了小小芯片的威力。与此类似，早在几百年前就出现有关个人效能的智慧，从本杰明·富兰克林到彼得·德鲁克，却从未有人能够整合出一个连贯、方便使用的系统。柯维创造出一套标准操作系统——个人效能的“Windows系统”——简单又好用。柯维是一位好作家，在短篇故事和概念叙述上游刃有余。我永远也忘不了书中第一章里讲的故事（还有其中的道理）——在地铁里一个男人怎么也管不住尖叫的孩子，也忘不了灯塔、错误的丛林和金蛋的比喻。

他对一些概念的包装，效果出奇地好，既生动地描述了这个概念，又很有见地地说明了其在现实中的应用。比如：“以终为始”、“要事第一”、“双赢思维”、“知彼解己”等等。为了让表述更清晰，他还借助个人生活中的小困难和故事，内容涵盖子女教育、婚姻、交友。他是在培养习惯和生存需要的“肌肉组织”。

柯维系统中包含的思想历久弥新。原则就是如此，有效并适用于世界上不同年龄的人。当世上充满变数、纷争和混乱时，人们需要一个安全的港湾，一个能在迷茫时指点迷津的灯塔。柯维坚信，不随时间而改变的原则一定存在，寻找的过程是一种智慧。他不认可那些站在屋顶上叫嚣的人的观点：“没有什么是唯一的，没有什么能永远存在，没有什么能在这个瞬息万变的世界上保留下来！所有都是新的！过去的原则早已过时！”

我的研究侧重以下问题：“伟大的公司靠什么突显？为什么有些公司从优秀跨越到卓越（有些却没有）？为什么有些能坚持到底（有些倒闭了）？为什么有些公司在商战中胜利？”研究结果发现，其中一个关键是“坚持核心、刺激进步”。面对一个不断变化的世界，如果没有能坚守、赖以发展、作为港湾、提供指导的一套核心原则，企业不会发展或者达到真正的卓越。与此类似，公司没有刺激进步的体系，也不会迈向卓越。这个体系包括对改变、更新、提高和BHAG理念（Big Hairy Audacious Goals，宏伟的、冒险的、大胆的目标）的追求。当你把“坚持核心、刺激进步”两个要素相结合，你就会得到长期保持公司或者组织活力的二元结构。柯维在个人效能方面找到了相似结构：首先要建立一套不会更改的强有力的核心原则；同时，不断追求进步和自我提升。这种二元结构会奠定坚如磐石的基础，让人一生不断成长。

当然，我认为《高效能人士的七个习惯》最重要的方面是强调“塑造性格”而不是“实现成功”，因此本书不仅实用而且深刻。没有原则就没有效率，没有原则就没有个性。写这篇序言的时候，我作为美国西点军校1951级领导力学习班的学生会主席，正在参加一个为期两年的旅行。我领悟到西点军校培训的关键点在于：伟大的领导始于塑造性格，要做一个领导首先你要知道自己是谁，这是你做事的基础。如何塑造领导？你要先塑造自己的个性。《高效能人士的七个习惯》不只发挥个人效能，而且培养领导力。

当我回顾我研究过的杰出领导者时，我惊奇地发现，柯维的原则适用于其中很多人。首先我要关注我最喜欢的一个例子——比尔·盖茨。近几年的一个潮流是把像比尔·盖茨这样的人所获得的巨大成功，归因于运气，说他们不过是得益于天时地利人和。但如果仔细思考，这种说法就会不攻自破。当《大众电子》杂志把Altair电脑当作封面，并宣称这是史上第一台个人电脑时，比尔·盖茨立刻联合保罗·艾伦组建了一家软件公司，为Altair电脑编写BASIC语言程序。也许，盖茨是在合适的时机掌握了编程技术，但是很多人都在学习这个技术，比如在加利福尼亚理工学院、麻省理工学院和斯坦福大学学习电脑科学和电子信息工程的学生，在IBM、施乐公司和惠普这类技术公司从业的高级软件工程师，还有政府研究机构的科学家。数以万计的人都能做到盖茨所做的，但是他们没有。盖茨当机立断。他从哈佛辍学，搬到了阿尔布开克（Altair电脑的基地所在）。他夜以继日地编写程序。比尔·盖茨变得与众不同的原因，并不是在适当时候做决定的运气，而是他在适当时候的积极回应。（习惯一：积极主动）

微软的发展如日中天，盖茨也在一个宏大的想法推动下拓展了自己的目标：每张桌子上都有一台电脑。之后，盖茨与妻子一起创办了比尔与马琳达·盖茨基金会。目标都很宏伟，比如让疟疾从世界上消失。盖茨在2007年哈佛毕业典礼上的致辞中这样说："对于马琳达和我来说，挑战是一样的：怎么用手上的资源让尽可能多的人受益。"（习惯二：以终为始）

真正的原则意味着我们会把最重要的目标安排在精力充沛的时间，意味着在判断力最佳的状态下做出突破。"所有人"几乎都会说，从哈佛毕业才是年轻的比尔·盖茨最紧要的任务。相反，他却不顾周围好心人质疑的目光，努力完成自己的目标。创建微软时，他把所有能量注入两个首要的目标：雇佣最好的员工，开发几个重量级的软件；其余的事情都是次要的。盖茨在一次晚宴上第一次见到沃伦·巴菲特，当主持人问餐桌上的客人，认为人生旅途中最重要的因素是什么，盖茨和巴菲特不约而同地给出了相同的答案："重点"。（习惯三：要事第一）

盖茨和第四个习惯的关系有点复杂。（习惯四：双赢思维）表面看来，盖茨的性格似乎更符合独善其身的赢者心态。他是一个强有力的竞争者，一直在一本名叫"噩梦"的记事本上记录微软可能会导致失败的方面。在市场激烈竞争的考验下，可能只会有几个赢家，剩下大部分是输家，盖茨绝不会让微软输给任何一个赢者。仔细观察就会发现，盖茨善于把互补的各方结合成一个整体。为了实现梦想，盖茨意识到微软若想壮大实力需要借助其他公司的优势：因特尔公司的微处理器，如IBM或戴尔这样的个人电脑制造商。他还注重公平，因此，当微软获利时，员工也成功了。盖茨充分展现了互利共赢的能力，最明显的例子就是，他与长期合作伙伴史蒂夫·巴尔默的配合。盖茨和巴尔默合作时的收获要比单打独斗大得多，1+1绝对大于2。（习惯六：统合综效）

盖茨把焦点转移到基金会的社会影响力之后，他从未说过："我已经在商业上获得成功，所以我也知道如何获得社会影响力。"恰恰相反，他带着无尽的好奇心想要有所理解。他带着问题前进，尝试着掌握能解决最棘手问题的学问和方法。向朋友请教结束时，他以一句幽默评论作为回报："我确实需要再学学磷酸盐。"（习惯五：知彼解己）

终于，我被盖茨的变化完全震慑了。即使在微软创业最紧张的时期，盖茨也会定期抽出一整周阅读和反思，扫清一些障碍，那是思考的一周。他还养成看传记的爱好，一次他告诉《财富》杂志的布兰特·谢兰登："一些人在生活中的发展实在令人称奇。"——这句话像咒语般在盖茨身上应验。（习惯七：不断更新）

盖茨的例子让人惊叹，但是我还可以列举出很多人。温迪·科普就是一个很好的例子。她提出"为美国而教"的理念，激励了成百上千的大学毕业生先在落后学校任教两年，终极目标是凝聚势不可当的社会力量，彻底提高义务教育水平。（积极主动；以终为始）史蒂夫·乔布斯也是一个典型例子。他住在连家具都没有的房子里，由于近乎疯狂地投入开发新产品，他完全没有时间去做似乎毫无意义的事情，比如买餐桌或沙发。（要事第一）再比如西南航空公司的赫伯·科勒赫，在管理层和员工之间创建了双赢的模式，以便每个人在9·11恐怖袭击后都能团结一致。30年来，既保证公司的长期利益又不会裁员。（双赢思维）还有温斯顿·丘吉尔，第二次世界大战期间他每天只打几个盹，这样“一天能当两天用”。（不断更新）

我并不是说，打造一个伟大的公司，塑造一个伟大的领导者，必须一对一培养所有七个习惯。比如《从优秀到卓越》和《基业长青》，与《高效能人士的七个习惯》的原则是互补的，但又彼此独立。柯维写书的出发点不是建立强大的组织而是提高个人效能。但是我推测，能实践“七个习惯”的人都会成为五星级领导者，这也是我在《从优秀到卓越》里描述的变革型领导者。五星级领导者身上体现了低调性格和职业理想的完美融和，把精力、动力、创造力和原则置于比个人意愿更广阔、更长久的地位。肯定地说，他们雄心勃勃，要建立一个伟大的公司，改变世界，他们要实现的终极目标不是为了自己和个人利益。

一个简单的问题可以作为衡量伟大领导者的重要变量之一，即掌权者的内在动力、性格和抱负的真正用意是什么？无论他们说什么或怎么伪装，即使不是马上，但随着时间的推移他们内心真正的想法绝对会表现在决策和行动中。因此，我们完全可以采用柯维体系的中心原则：首先塑造性格，先战胜自己才能赢得工作上的胜利。

我认为史蒂芬·柯维本人便是一个五星级领导者。在非常成功的事业面前，他对自己影响力的谦卑绝不是伪装的，他帮助人们掌握理念的愿望不可阻挡。他发自内心地相信如果人们实践“七个习惯”，世界会变得更美好——这个信念贯穿全书的始终。

作为一个五星级领导者，史蒂芬·柯维尽力实践他教授的内容。他坦言自己在坚持习惯五（知彼解己）上遇到的困难最多。一个巨大的反差是，史蒂芬写书之前，他先开始了一段长达几十年的学术生涯，我们更能理解，他首先是一个作为老师的学生，然后才是一个学习写作的老师，这样的好处是他的课堂互动非常活跃。在习惯二中，史蒂芬挑战每个人的方式是想象自己的葬礼，然后思考：“你想让每个致辞者就你的一生说些什么？……你希望他们看到你性格的哪些方面？你希望他们记得你有什么贡献和成就？”我相信，如果他在天之灵能听到人们现在的赞誉会很欣慰的。

没有人能永生，但是书和思想却会永远流传。当你用心读这本书，你会深受史蒂芬·柯维能量的影响，你能感觉到他借着文字在和你说：“我在这里，我对此深信不疑，让我帮助你，我想让你得到真谛，从中学习；我想让你成长，做得更好，贡献更多，过上有意义的生活。”逝者安息！史蒂芬·柯维的事业仍将继续，史蒂芬·柯维的精神将永存，像本书刚出版时一样的鲜活！

《高效能人士的七个习惯》刚满25岁，这正是生命力最强的开端！

吉姆·柯林斯

于科罗拉多州波德尔市

2013年6月

The

7 HABITS

of Highly Effective People

前言

变化的世界　不变的原则

《高效能人士的七个习惯》面世以来，世界发生了巨大变化。生活变得更多元，更紧迫，对人们也提出了更高的要求。我们已经从工业时代进入到信息/知识时代，并亲历了随之而来的深刻社会变迁。不仅广度和深度前所未有，种类更是千差万别。

这引发了一个非常重要的，也是我常被问到的问题："今后10年、20年、50年甚至100年，《高效能人士的七个习惯》是否依然有效？"我的回答是：变化越彻底，挑战越严峻，这七个习惯对人们越重要。因为我们的问题和痛苦是普遍存在的，并且日趋严峻。而它们的解决之道，一直而且永远都建立在普遍、永恒、不证自明的原则之上，这些原则亲历了人类历史的每一个持久繁荣的社会。大家不需要赞美我，因为这些原则并非我首创，我只是发掘并把它们整理出来而已。

我对生命的一种最深刻的感悟就是：要完成最渴望的目标，

战胜最艰巨的挑战，你必须发掘并应用一些原则或自然法则，因为它们恰好左右着你苦苦期待的成功。如何应用一个原则，因人而异，这取决于个人独一无二的优势、天赋和创造力，但最根本的是，任何努力的成功，都离不开恰到好处并游刃有余地应用某些原则，这些原则对成功而言是不可或缺的。

然而很多人对此不以为然，至少会刻意回避。实际上，这些强调原则的解决办法，与我们流行文化的通行惯例和思维方式大相径庭。

在这里，我想以人类面临的最普遍的几种挑战为例，来诠释两者的不同。

恐惧感和不安全感

现代社会，太多的人饱受恐惧感的折磨。他们恐惧将来，恐惧失业，恐惧无力养家。这种弱点，常常助长了一种倾向：无论在工作时，还是回到家中，都倾向于零风险的生活，并逃避与他人相互依赖和合作。

面对这种问题，我们的文化通常会教导人们要独立、独立、再独立。“我要专注于‘我和我的’，我要工作，要好好工作，要通过工作获得真正的快乐。”独立是一种重要的，甚至带有决定性的价值观和成就观，而我们生活在一个互赖的社会中，最辉煌的成就要靠互赖和合作才能成就，远远不是单靠个人能力可企及的。

“我现在就想得到”

人们想要的太多又太急切。“我要钱，要豪宅，要好车，要最奢华的娱乐中心，我什么都想要，我应该得到。”尽管现代“信用卡”社会使“透支”变得轻而易举，但终究要面对经济现状。无视经济现实终难长久，因为对利益的追求是残酷无情的，甚至是血腥的。努力工作是远远不够的，因为在市场和技术全球化的驱动下，竞争日趋白热化，技术领域的发展之快，令人眩晕，所以我们不能满足于校园教育，要不断重新教育和重塑自我。我们必须训练头脑，大量投入，不断磨炼，提升自己的竞争力，以免被社会淘汰。工作中，老板总有各种各样的理由，驱使员工不断做出成绩。竞争是惨烈的，生存岌岌可危。今天，必须有所产出，这就是今天的现实，也代表了资本的内在需要。但是，潜在的、持久的、不断上升的成功才是值得称颂的。或许你轻而易举地就完成了季度目标，但问题的关键是，你是否做了必要的投入和准备，以保证今后1年、5年甚至10年都能继续保持并不断提升这种成功呢？我们的文化以及华尔街引领的一切行业都强烈地要求：今天的结果，今天的成功。但一个不争的事实是，我们绝对不能无视平衡的原则，我们要平衡现在和将来两种需要，前者满足今天的需求，后者满足投资并提高竞争力，以取得未来持久成功的需求。平衡原则同样适用于健康、婚姻、家庭生活以及你所处的社区的需要。

谴责和抱怨

任何情况下，只要发现一个问题，人们就倾向于把社会当成替罪羊来谴责，“如果我老板不是一个刚愎自用的白痴该多好……如果我的出身好点该多好……如果我没有遗传我爸的坏脾气该多好……如果孩子们不那么叛逆该多好……如果那房子不是整天乱得一团糟该多好……如果人们不那么随波逐流该多好……如果老婆再体贴点该多好……如果……如果……”面对问题和挑战，习惯性地谴责其他所有人和事，似乎成了现行的潜规则，但这只能带来短暂的解脱，同时却把我们禁锢在这些问题上，找不到解决办法。现在请你找出一个虚怀若谷的人，他必须能认可并承担对周围环境的责任，必须有足够的勇气且秉承任何必要的首创精神，能够以非常有创意的方式，找到所面临的挑战的出路。只要你找到了这样一个人，你就会发现我所告诉你的至高无上的力量，教你做的选择具有多大的现实意义。

绝望无助

遣责周围人和事的必然结果是变成犬儒主义，绝望无助。当我们最后向命运低头，认为自己是环境的牺牲品，屈服于宿命论带来的厄运时，我们就丢弃了希望，抛却了理想，习惯了听天由命，选择了停滞不前。“我是微不足道的小人物，似傀儡，又像车轮上的小齿轮，面对现实，我无能为力，请告诉我该怎么做。”很多聪明能干的人都遭遇过这种滑铁卢般的心路历程，并饱尝各种挫折以及随之而来的消沉。流行文化提倡的生存之道是犬儒主义——“不要对生活期望过高，这样你就不会对周围的人或事失望。”相反，历史上那些鼓励人们怀揣希望、励志成长的原则却提倡“我就是我生命的创造力”。

人生失衡

现代社会，资讯发展一日千里，生活日益复杂多元，对人的要求更为苛刻，让人感觉日子更加紧迫和心力交瘁。尽管我们付出了许多，尽量有效地利用时间，努力工作，积极进取，并利用现代科技不断提高效率，然而让人不解的是，我们越来越陷于一些鸡毛蒜皮的小事上不能自拔，而把健康、家庭、品德以及其他许多重要的事情放在了工作之后，舍本逐末。我们不能把问题归咎于工作，或社会的复杂和变迁，而在于我们的流行文化提倡："早来，晚走，高效，从现在起就要懂得牺牲"——可事实上，心灵的平和宁静远非这些技巧所能企及，它取决于人们是否明白什么是最重要的事情，是否懂得轻重缓急，并能抓住生活的重点，客观地面对现实。

"我的定位在哪儿"

我们的文化倡导，若想从生活中有所收获，必须"独占鳌头"。也就是说"生命是场游戏，是次比赛，是种竞争，所以，你必须要赢"。同学、同事甚至家人都被当作竞争对手——你周围的人得到的越多，留给你的就越少。当然，在表面上，我们尽力表现大度，为他人的成功喝彩，而私底下，在心灵最深处的某个角落，却为他人的成就唏嘘不已。人类文明史上，许多杰出成就或历史事件常常由某个铁腕人物的决绝意志来造就。但是，在知识时代，千载难逢的机遇和卓越的成就，通常留给了那些深谙什么是"我们"——团队精神——的人。真正的大事业，通常只会由思维开阔、内涵丰富的头脑，经由忘我的合作精神——互敬和双赢——而塑就。

渴望理解

在人们心灵深处，没有比渴望理解更强烈的需要了——希望他人聆听、尊重、重视自己的声音，希望能影响别人。大多数人认为，要具备影响力，关键在于良好的沟通——明白无误地表达自己的观点，并让言谈有理有据。事实上，稍加思索，你就会发现，别人在诉说时，你并非努力聆听并试图理解对方，而是常常忙于准备，看自己接下来该怎么说。而影响力的初显，始于他人发觉你正在受其影响。当对方感觉你敞开心扉，虔诚地聆听，并理解他们的时候，他们就感觉自己有了影响力。但大多数人的情绪易受他人左右，无法专注地聆听——他们无法在说出自己的想法前，先把自己的事情搁置一旁，倾尽全力来理解对方的想法。我们的文化迫切需要，甚至苛求这种理解力和影响力。可是，影响力是以相互理解为前提的，而相互理解基于谈话者全心投入地做一个专注、主动的聆听者，至少谈话一方要首先学会聆听。

冲突和分歧

人们是如此的相似，又是那样的不同。思维方式不同，价值观、动机和目标也不尽相同，有时甚至是完全对抗的。毫无疑问，这些分歧带来了冲突。面对这些分歧和冲突，社会倾向于用竞争的方法来解决，强调“全力以赴，赢得胜利”。尽管巧妙地利用“折中”的办法取得了一定的成效，即在追逐目标的过程中，在彼此都能接受的程度上互相妥协，但结局通常是双方失望而归。这些分歧驱使人们机械地、平均化地接纳双方仅有的共同特征，这是一种多么巨大的浪费！而且人们也没能充分利用创造性合作，找到比任何一方的初始想法都好的解决办法，这又是一种多么巨大的浪费！

个人的停滞不前

人的本质是四维的——身体、头脑、心灵、精神。请比较下述两种问题解决方式（分别依据现有文化倾向和原则）的区别和效果。

请你不仅要把人类的普遍苦难铭记于心，也要把自己的实际需要和磨难牢记于心。只有这样，你才会获得一种长久的解决办法，并明了生活的方向。同时，你会发现，流行文化所提倡的方法和永恒的、千百年来积淀下来的原则性很强的方法将渐行渐远。

	身体	头脑	心灵	精神
文化	保持现有的生活方式，用手术和药物解决健康问题。	看电视，自娱自乐。	善于利用和他人的关系，表达并分享主观的、自我的兴趣爱好。	向日渐风行的怀疑论和犬儒主义妥协。
原则	调整现在的生活方式，恰当地运用已有的、放之四海皆准的、被普遍接受的健康原理，预防疾病和其他健康问题。	开拓阅读的广度和深度，终身教育。	尊重对方，专注地聆听，并无私地为他人做奉献，将带来巨大的满足感和幸福感。	要铭记，这些原则正是我们的力量源泉。这些自然法则，在我个人看来，冥冥中有某种天意，满足了我们追寻生命意义的基本要求，并鼓励我们探究生命的美好。

最后，我想重复强调一个问题，也是在我教学中经常提及的问题：有多少人在弥留之际，希望自己花更多的时间工作或看电

视？没有一个人希望这样。此时，人们想到的是爱人、家人和他们付出过爱心的人。

即使最伟大的心理学家亚伯拉罕·马斯洛（Abraham Maslow），在生命的最后，也把幸福感、成就感和对后人的福祉置于“自我实现”（这是他著名的“需求层次理论”的最高级）之上，他称之为“自我超越”。

对此，我心有戚戚焉。目前，七个习惯中提到的原则和法则，带给我最深的满足是，我的儿孙后代正着实感知，并在生活中身体力行这些原则和法则。

我们的孩子都已成家，他们和另一半一起，渐渐地形成了以服务他人为核心，以这些原则为基础的人生规划。看到孩子们踏上了这样的人生旅程，我们感到莫大的欣慰和幸福。

我敢说，当你开始阅读《高效能人士的七个习惯》时，你已经开始了一段激动人心的成长之路。请和你所爱的人分享你的收获，最重要的，是在生活中开始践行它们。记住，要将所学用于实践，知行合一。

就我而言，身体力行这七个习惯是个不断挣扎的过程。最主要的原因是，你做得越好，就会发现面对的问题变得越复杂，好像一些运动规则一样，例如滑雪、高尔夫球、网球或者其他运动。因为我每天都努力地工作，并在生活中全力实践七个原则所蕴涵的真理，所以我真诚地渴望和你一起，共度这段激动人心的成长历程。

史蒂芬·柯维

www.franklincovey.com

7

如何使用本书

在正式讨论高效能人士的七个习惯之前，我想给读者提两条建议，它们将使你阅读本书的收益大增。

首先，我建议各位不要对本书等闲视之，大略读过便束之高阁。当然，你不妨从头到尾浏览一遍，以了解全书梗概。不过我希望在你改进自我的成长过程中，本书能时时与你为伴。本书在编排方式上分成几个循序渐进的章节，便于读者随时参阅并付诸行动。即使你已对书中的原则观念得心应手，还是可以不时翻阅，或许会有更多的体会与收获。

其次，我建议你改以老师的角色来阅读，除了吸收还要能复述。在阅读过程中，应有心理准备，预计在48小时以内，与人分享或讨论读书心得。

我相信心态不同，阅读的成效就会不同。比如你知道将要在48小时内，向别人讲解本书提到的产出/产能平衡原则（P/PC Balance Principle），你的阅读成效定会有所不同。现在你就可以假定今天和明天，趁记忆犹新之际，把本书某部分的主旨告诉家人、朋友或同事。然后试着比较一下，感觉有何差别。

我保证，这种阅读方式可以增强记忆、加深体会、扩大视野，而且会让你有更强烈的动机去运用本书中的原则。同时，开诚布公地与人分享读书心得，可以改变形象，赢得友谊，甚至为你聚集一群实践七个习惯的同伴。

你将收获什么

我要借用美国作家弗格森（Marilyn Ferguson）的一段话：

谁也无法说服他人改变，因为我们每个人都守着一扇只能从内开启的改变之门，不论动之以情或晓之以理，我们都不能替别人开门。

倘若你已决定打开“改变之门”，接纳本书所阐述的观念，那么我保证，你会得到以下的收获。首先你的成长过程虽是渐进的，效果却是革命性的。你将会认同，仅产出/产能平衡这一项原则，如果得到充分应用，就会使大多数个人和企业发生变化。前三个有关个人成功的习惯，可以大幅提高你的自信。你将更能认清自己的本质、内心深处的价值观以及个人独特的才干与能耐。凡是秉持自己的信念而活，就能产生自尊自重与自制力，并且内心平和。你会以内在的价值标准，而不是旁人的好恶或与别人比较的结果，来衡量自己。这时候，事情对错与别人是否发现无关。

你还会意外地发现，当你不再介意别人怎样看你时，反而会去关心别人对他们自身、对他们所处环境以及与你关系的看法。你不再让别人影响情绪，反而更能接受改变，因为你发现有一些恒久不变的内在本质，可以作为支柱。

至于追求公众成功的三个习惯，能够帮助你重建以往恶化，甚至断绝了的人际关系。原本不错的交情则更为巩固。

习惯七可加强前面六个习惯，时时为你充电，达到真正的独立与成功的互赖。

不论你的现况如何，都请相信你与你的习惯是两码事，你有能力改变不良旧习，代之以意味着高效、幸福和互信的人际关系的新习惯。

我真心地希望你能打开自己的“改变之门”，在学习这些习惯的过程中不断成长和进步。对自己要有耐心，因为自我成长是神圣的，同时也是脆弱的，是人生中最大规模的投资。虽然这需要长时间下功夫，但是必定会有鼓舞人心的直接收益。诚如美国建国初期政治思想家佩因（Thomas Paine）所说：

得之太易者必不受珍惜。唯有付出代价，万物始有价值。上苍深知如何为其产品制订合理的价格。

7

七个习惯的简要定义与架构图

习惯一：积极主动
Be Proactive ▼

“积极主动”即采取主动，为自己过去、现在及未来的行为负责，并依据原则及价值观，而非情绪或外在环境来做决定。积极主动的人是改变的催生者，他们摒弃被动的受害者角色，不怨天尤人，发挥了人类四项独特的禀赋——自我意识、良知、想象力和独立意志，同时以由内而外的方式来创造改变，积极面对一切。他们选择创造自己的人生，这也是每个人最基本的决定。

习惯二：以终为始
Begin With The End In Mind ▼

所有事物都经过两次的创造——先是在脑海里酝酿，其次才是实质的创造。个人、家庭、团队和组织在做任何计划时，均先拟出愿景和目标，并据此塑造未来，全心投注于自己最重视的原则、价值观、关系及目标之上。对个人、家庭或组织而言，使命宣言可说是愿景的最高形式，它是主要的决策，主宰了所有其他决定。领导工作的核心，就是在共有的使命、愿景和价值观之后，创造出一个文化。

习惯三：要事第一
Put First Things First ▼

“要事第一”即实质的创造，是梦想（你的目标、愿景、价值观及轻重缓急）的组织与实践。次要的事不必摆在第一位，要事也不能放在第二位。无论迫切性如何，个人与组织均要更多聚焦要事，重点是把要事放在第一位。

习惯四：双赢思维
Think Win-Win ▼

“双赢思维”是一种基于互敬、寻求互惠的思考框架与心态意图，目的是分享更多的机会、财富及资源，而非敌对式竞争。双赢既非损人利己（赢输），亦非损己利人（输赢）。我们的工作伙伴及家庭成员要从互赖式的角度来思考（“我们”，而非“我”）。双赢思维鼓励我们解决问题，并协助个人找到互惠的解决办法，是一种资讯、力量、认可及报酬的分享。

习惯五：知彼解己
Seek First To Understand, Then To Be Understood ▼

当我们不再急切回答，改以诚心去了解、聆听别人，便能开启真正的沟通，增进彼此关系。对方获得了解后，会觉得受到尊重与认可，进而卸下心理防备，坦然交谈，双方对彼此的了解也就更顺畅自然。知彼需要仁慈心，解己需要勇气，能平衡两者，则可大幅提升沟通的效率。

习惯六：统合综效
Synergize ▼

“统合综效”谈的是创造第三种选择——既非按照我的方式，亦非遵循你的方式，而是创造第三种更好的办法。它是互相尊重的成果——不但了解彼此，甚至称许彼此的差异，欣赏对方解决问题及掌握机遇的手法。个人的力量是团队和家庭统合综效的基础，能使整体获得一加一大于二的成效。实践统合综效的人际关系和团队会扬弃敌对的态度（$1+1=\frac{1}{2}$），不以妥协为目标（$1+1=1\frac{1}{2}$），也不止于合作（1+1=2），他们要的是创造式的合作（1+1>2）。

习惯七：不断更新
Sharpen The Saw ▼

不断更新谈的是，如何在四个基本生活层面（身体、精神、智力、社会/情感），不断更新自己。这个习惯提升了其他六个习惯的实施效率。对组织而言，习惯七提供了愿景、更新及不断的改善，使组织不至呈现老化及疲态，并迈向新的成长之路。对家庭而言，习惯七通过固定的个人及家庭活动，使家庭效能升级，如建立传统，使家庭日新月异，即是一例。

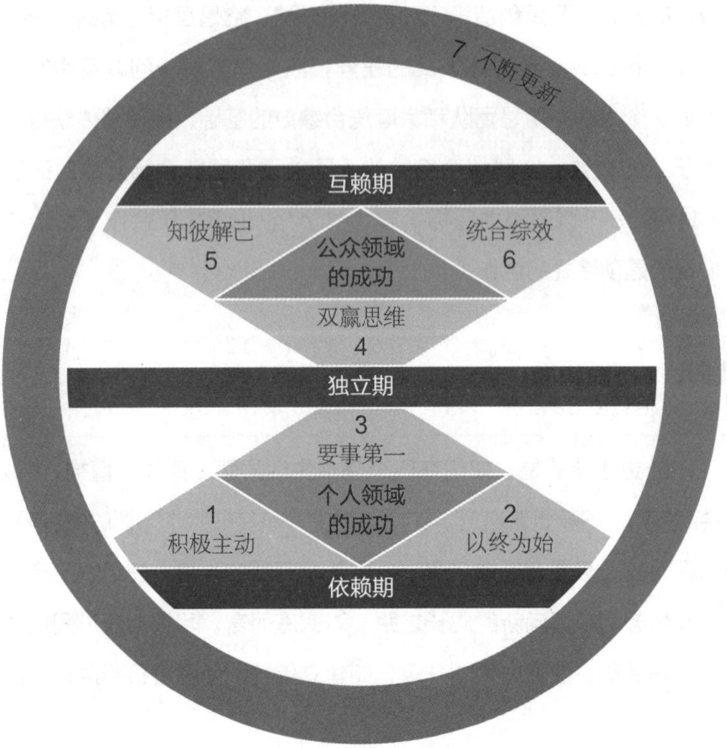
7 不断更新
互赖期
知彼解己
5
公众领域
的成功
统合综效
6
双赢思维
4
独立期
3
要事第一
个人领域
的成功
1
积极主动
2
以终为始
依赖期

七个习惯模型

The 7 HABITS of Highly Effective People

第一部分

思维模式与原则

PARADIGMS
AND PRINCIPLES

PART ONE

思维方式与原则阅读体验

“思维方式与原则”是《高效能人士的七个习惯》的第一个部分，既是有效理解整本书的基础，也是每个人突破自我、提升效能的思维基础。

由于许多读者将注意力过于集中在“七个习惯”具体内容是什么，而忽略了“思维方式与原则”的重要作用，或因为难以理解这部分内容，而对整本书浅尝辄止，没能让“七个习惯”的经典智慧成就自己的人生。

“思维方式与原则阅读体验”针对第一部分内容中最难懂的重点内容——“思维定式”“品德与个人魅力的区分”“原则是什么”“人类成长的三个阶段”，从生活中的常见问题入手，设置了7个阅读小模块，帮助读者完成对重点内容的理解，并实现与个人工作、生活相融合的阅读效果。

阅读模块设计特点：

内容精炼：每一个模块仅需10分钟即可完成。

问题导向：从解决问题的角度进行阅读，事半功倍。

形式多样：音频、视频、文字、线上互动、重点内容卡片，多感官递进式理解。

案例丰富：模块中附加读者真实实践案例，扩展思考维度，让智慧为你所用。

愿“思维方式与原则阅读体验”让你感受到“思维转换”与“原则”的力量，成为你阅读、践行“七个习惯”的开端。

扫码开启阅读体验

7

第一章

由内而外全面造就自己

品德成功论提醒人们，高效能的生活是有基本原则的。只有当人们学会并遵循这些原则，把它们融入到自己的品德中去，才能享受真正的成功与恒久的幸福。

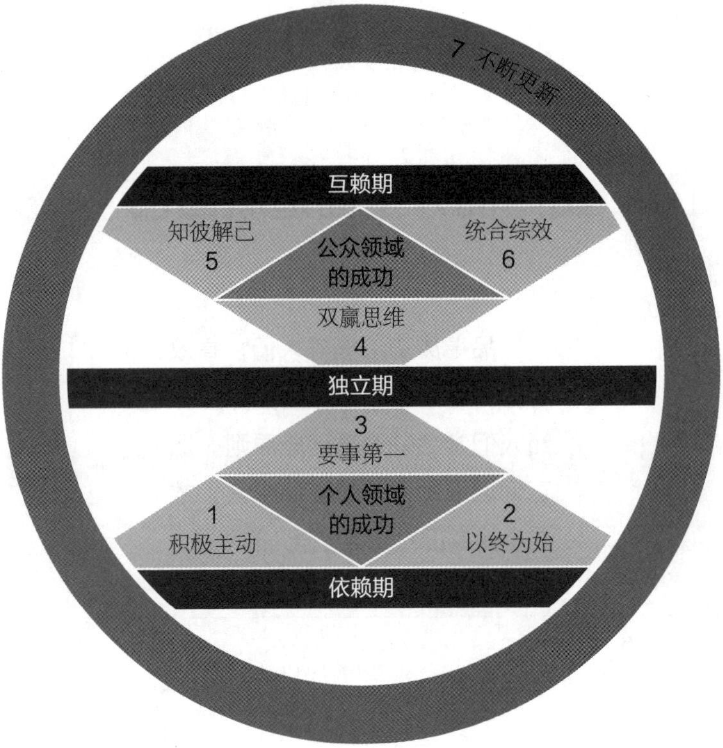
7 不断更新
互赖期
知彼解己
5
公众领域
的成功
统合综效
6
双赢思维
4
独立期
3
要事第一
个人领域
的成功
1
积极主动
2
以终为始
依赖期

没有正确的生活，就没有真正卓越的人生。

——戴维·斯塔·乔丹
（David Starr Jordan）
美国生物学家及教育家

你离卓越的人生有多远？你有以下困惑和苦恼吗？

○我的事业十分成功，但却牺牲了个人生活和家庭生活。不但与妻儿形同陌路，甚至无法肯定自己是否真正了解自己，是否了解什么才是生命中最重要的。

○我上过无数关于有效管理的课程，我对员工的期望很高，也想尽办法善待他们，但就是感觉不到他们的忠心。

○要做的事太多了，我总是感到时间不够用，觉得压力山大，终日忙忙碌碌，一周7天，天天如此。我参加过时间管理研讨班，也尝试过各种安排进度计划的工具。虽然也有点帮助，但我仍然无法像我希望的那样，过上快乐、高效而平和的生活。

○我个性很强。几乎在任何交往中，我都能控制结果。多数情况下，我甚至可以设法影响他人通过我想要的决议。我仔细考虑了每种情况，并且坚信我的建议通常都是对大家最好的。但是我仍感到不安，我很想知道，他人对我的为人和建议到底是何态度。

○我想教育孩子懂得工作的价值。但每次要他们做点什么，都要时时刻刻在旁监督，还得忍受他们不时的抱怨，结果还不如自己动手来得简单。为什么孩子们就不能不要我提醒，快快乐乐地料理自己的事呢？

这些都是我在任职咨询顾问和大学教师期间遇到的一些普遍而又深层次的问题，不是一两天就能解决的。

几年前，我和妻子桑德拉就为类似的问题大伤脑筋。我们的一个儿子学习成绩很差，他与同学交往时也很不成熟，经常弄得周围的人很尴尬。

我和桑德拉觉得，若要十全十美，首先要做完美的父母。于是我们尝试用积极的态度来激发他的自信心，只要他稍有进步，我们就会对他大为夸奖。可是，所有的努力似乎都徒劳无功，这一切反而伤害了他的自尊心。

后来，在讲授有关沟通与认知的课程中，我对思维方式的形成、思维方式如何影响观点、观点又如何左右行为等问题深感兴趣，并进一步研究了预期理论、自我实现预言和皮格马利翁效应。从中我意识到，每个人的思维方式都是那么根深蒂固，仅仅研究世界是不够的，还要研究我们看世界时所戴的“透镜”，因为这透镜（即思维方式）往往左右着我们对世界的看法。

我跟桑德拉谈到这些想法，并借此分析我们的困境，终于认识到，其实在内心深处我们的确觉得儿子在某些方面“不如常人”。所以不论我们多么注意自己的态度与行为，其效果都是有限的，因为表面的言行终究掩饰不住其背后的信息，那就是：“你不行，你需要父母的保护。”

此时我们才开始觉悟：要改变现状，首先要改变自己；要改变自己，先要改变我们对问题的看法。

品德与个人魅力孰重

当时我正潜心研究自1776年以来美国所有讨论成功因素的文献。从这200年来的作品中，我注意到一个令人诧异的趋势。

前150年的论著强调“品德”为成功之本——如诚信、谦虚、忠诚、节欲、勇气、公正、耐心、勤勉、朴素和一些称得上是金科玉律的品德。

然而第一次世界大战后不久，人们对成功的基本观念改变了。由重视“品德”转而强调“个人魅力”，即认为成功与否更多取决于性格、社会形象、行为态度、人际关系以及长袖善舞的圆熟技巧。因此，近50年来讨论成功术的著作，谈的都是树立社会形象的技巧和成功的捷径。

我终于了解，过去我与桑德拉潜意识里都受到这种速成观念的影响，才会对儿子采取前面的做法。在我们心目中，这个孩子有失颜面，我们重视成为模范父母，维持良好形象，更甚于对孩子的关切，这种心态也影响到了对孩子的看法。的确，在看待与处理这个问题时，我们偏重许多其他因素，反而忽略了孩子的幸福与快乐。

一旦摆脱了对孩子的旧有看法，培育了基于价值观的动机，我们顿时感到一种新气象——不必再拿孩子与旁人比较，不必把固定的社会模式强加在他身上，这样反而能够平心静气地欣赏他的优点。我们相信他有能力应付人生的种种挑战，也就不急于保护他免受外界的嘲笑。

几个月过去了，他渐渐有了信心，也开始肯定自我价值，终于以自己的速度与步调发挥出了潜能。不论在学业、运动场上还是社交场合中，以一般社会标准来衡量，他的表现都是相当出色的。这一切都发生在转念之间，远远超出了所谓的自然发展速度。

我和桑德拉都相信，这个孩子“出人头地”的成就中，自动自发因素的作用要多于外在影响。这是前所未有的经验，对我们教育子女以及扮演其他角色很有启发作用，也使我们体验到凭借品德与凭借个人魅力取得成功的天壤之别。

光有技巧还不够

从教育儿子的经验、对人们认知过程的研究以及成功论著的阅读中，我顿悟了品德的强大影响力，也认清了自己从小所学并且深植于心的价值观，其实与现在流行的追求捷径的速成哲学相去甚远，而这种差异经常被有意地忽略。多年来我一直向他人传授七个习惯，自信十分有效，却总是发现这些知识与流行的思潮不同甚至相悖，现在终于对个中原因有了深一层的领会。

我并非暗示个人魅力论所强调的因素不具效用，比如个人成长、沟通技巧方面的训练，积极思维和影响力方面的教育等，有时确实是成功的要素，但并非主要因素。

即使我可以玩弄手段使他人投我所好，为我卖力，因我发奋，和我“惺惺相惜”，然而一旦我品德有缺陷——比如言不由衷、虚情假意，就无法获得长远的成功。因为言不由衷难免遭人怀疑，任何行事都会被视为别有用心，就算所谓的人际关系技巧也无济于事。任凭你巧舌如簧，动机纯良，只要没有或者缺乏信任感，就不要说什么永久的成功。只有心存善念，才能赋予人际关系技巧以生命力。

人类行为和人际关系是基于收获法则的自然系统。在暂时性的人际交往中，你或许能摸清并操控人情世故中的规律，按“规矩”办事，暂时蒙混过关；你也可以凭借个人魅力八面玲珑，假扮他人知音，利用技巧赚取好感。但在长久的人际关系中，单凭这些次要优势是难有作为的。倘若没有根深蒂固的诚信和基本的品德力量，那么生活的挑战迟早会让你真正的动机暴露无遗，一时的成功就会被人际关系的破裂所取代。

许多人具备这些次要优势，是社会所认可的人才，但是缺乏基本的品德，长期来看，他们与同事、朋友、配偶或者子女的关系早晚会出现问题。只有品德才是交流中最伶俐的“口齿”。

归根到底，我们的本质要比言行更具说服力，这个道理人人都懂。有些人是我们绝对信任的，因为我们了解他们的品德，不论他们是否擅长交际，我们就是信任他们，而且能够与之合作顺畅。

思维方式的力量

本书包含人类效能的许多原则，它们是基本而首要的，可永葆成功与幸福，放之四海皆准。不过，我们必须先了解人类的思维方式以及如何实现思维方式的转换，才能真正理解这七个习惯。

之前提到的品德成功论与个人魅力论就是两种典型的社会思维方式。“思维方式”从广义上来讲，是指我们“看”世界的方法，主要指我们的感知、理解与诠释。它是每个人看待世界的方式，未必与现实相符。它是一张地图，而非地域本身，是由每个人的成长背景、经验及选择打造而成，我们会透过它来窥探万事万物。

为了方便理解，我们可以把思维方式比作地图。

假设你想去芝加哥中心区的某个地方，可是你拿到的却是底特律的地图。为了到达目的地，你可以改变行为，比如更努力，更迅速，但是这种努力只会让你在错误的路上越走越远。你还可以改变态度，比如更加积极地思考，但你仍然到不了正确的地点。根本问题不在于你的行为和态度，而在于那张错误的“地图”。

我们每个人脑中都有很多地图，可以分成两大类：一类是依据世界本来面目绘制的地图，反映现实情况；另一类是依据思维方式绘制的地图，反映个人价值观。我们用这些地图诠释所有的经验，从来都不怀疑地图的正确性，甚至意识不到它们的存在。

现在来做一个智力和情感的小测验，请花几秒钟观察下面的图1-1和图1-2，并仔细描述所看到的形象。

图1-1

图1-2

你是否看到了一位女士？她的年龄大约多大？长相如何？衣着如何？身份又如何？

或许你认为这位女士是个可爱的摩登女郎，鼻子小巧，时尚靓丽。

如果我说你看走眼了，这位女士已经六七十岁，而且面带愁容，绝非模特儿，或许过马路时还需要你扶她一把，你会有何反应？

如果我们能面对面地讨论，就可以互相交流自己看到的画像的样子，直到对方也看到了自己所看到的。

但是不行，所以只好请你看图1-3，并将它与图1-2对照。现在你能看到老妇人了吗？一定要看到才能继续往下读，这很重要。

多年以前我在哈佛商学院就读时，第一次知道这个实验。当年那位教授想借此说明不同的人对同一件事会有不同的看法，并且都很正确。这不属逻辑范畴，而是心理问题。

教授首先把两叠卡片分发给教室两边的同学，其中一叠是图1-1的少妇像，另一叠是图1-3的老妇像。他给我们10秒钟仔细看这些卡片，然后收回。接着用投影仪给我们看综合了二者特点的画像，即图1-2，并要求全班都来描述。结果，事先看过少妇画像的，几乎一致认定这就是那位少妇；而先前看到老妇画像的同学，则都认为这是位老妇人。

图1-3

这时教授请一边的同学向另

一边的同学讲述他所看到的并说明理由，双方各执己见：

“别开玩笑，我看她不超过20岁，怎么可能是个老太婆？”

“你才开玩笑，她少说也有70岁了。”

你一言，我一语，双方始终争执不下，不肯服输。

正当大家僵持不下的时候，有位同学走上前去，指着画像上的一条线说：“这是少妇戴的项链。”另一位马上反驳：“不，这是老妇人的嘴。”就这样，大家开始逐一讨论画中的细节，在冷静而详细的讨论过程中，同学们渐渐看到了另一方眼中的画像。但只要把视线移开一下，再回头看时还是会认为那是自己最初看到的样子，即当时在10秒钟之内看到的形象。

在后来的工作中，我常常借用这个有关感知的实验，因为它能使我们对人和人际关系的本质有更透彻的认识。首先，它充分说明了条件作用对人类认知和思维方式的强大影响力。家庭、学校、教堂、单位、朋友、同事以及流行思潮，都在不知不觉中影响着我们，左右着我们的思维方式。

其次，这个实验还说明了思维方式是行为与态度的源头，脱离了这个源头的言行就是表里不一，言不由衷。以图1–2为例，如果你认为那是一位少妇，自然想不到扶她过街，因为你对她的态度和行为必定出自你对她的看法。

由此就凸显了个人魅力论的一个基本缺陷，即仅仅改变表面上的行为与态度，却忽略作为源头的思维方式，那么改变的成效一定有限。

这个实验还让我们体会到思维方式对人际交往的影响。以前我们总以为只有自己清楚而客观地看到了事物的本质，但这个实验却让我们开始认识到，别人的观点虽然不同，但也是清楚而客观的。“立场决定观点”。

这并不是说没有事实存在。在实验中，起初看到不同图像的人，在图1-2中都看到了同样的白底黑线条，这是他们共同承认的事实。只不过每个人经验不同，诠释也不同，而一旦离开了诠释，事实也就失去了它的意义。

我们越是认识到思维方式以及经验在我们身上的影响力，就越是能够对自己的思维方式负责，懂得审视它，在现实中检验它，并乐于聆听和接受别人的看法，从而获得更广阔的视野和更客观的看法。

思维转换的力量

或许从这个实验中得到的最重要的启示应该是思维转换，即从另一角度看问题的顿悟感。第一印象的影响越深，顿悟的力量就越大，好比一瞬间万道光芒把内心照亮。

“思维转换”一词由托马斯·库恩在他的经典之作《科学革命的结构》一书中最先提出。库恩在书中阐释，科学研究的每一项重大突破，几乎都是首先打破传统，打破旧思维、旧模式才得以成功。

○古埃及天文学家托勒密认为地球是宇宙的中心，但哥白尼主张太阳才是宇宙的中心，因而激起思维转换。尽管后者曾招致强烈反抗与迫害，但转眼间，人类对宇宙万物的诠释完全改观。

○牛顿的物理学原理虽至今仍是现代工程学的基础，但并未穷尽科学的边界。直到爱因斯坦的相对论提出，又为科学界带来一次革命。

○今日的美国也是思维转换的成果。传统君权神授、君主专制思维，由民主、民享的观念所取代，才促成民主宪政与自由富足的社会。

但并非所有的思维转换都是积极的。例如我们前面提到的，人们由强调品德转为强调个人魅力，这种转换反而让我们偏离了通向成功与幸福的轨道。

不论思维转换的结果是否积极，过程是否渐进，都会让我们的世界观发生改变，而且改变的力度惊人。不论思维方式是否正确，都会决定我们的行为和态度，并最终影响到我们的人际关系。

如果我们只想让生活发生微小的变化，那么专注于自己的态度和行为即可，但是实质性的生活变化还是要靠思维的转换。

以原则为中心的思维方式

品德成功论植根于一个基本信念之上，那就是人类效能都需要原则作指引，这是放之四海皆准的真理，和物理学中的万有引力法则一样，都是毋庸置疑、不容忽视的自然法则。

至于这些原则的真实性和影响力到底怎样，看看弗兰克·柯克在海军学院的杂志《过程》中写到的思维转换经历就知道了：

两艘演习战舰在阴沉的天气中航行了数日，我就在打头的那艘旗舰上当班。当时天色已晚，我站在舰桥上瞭望，浓重的雾气使得能见度极低，因此船长也留在舰桥上压阵。

入夜后不久，舰桥一侧的瞭望员忽然报告："右舷位置有灯光。"

船长问他光线的移动方向，他回答："正逼近我们。"这意味着我们可能相撞，后果不堪设想。

船长命令信号兵通知对方：“我们正迎面驶来，建议你转向20度。”

对方说：“建议你转向20度。”

船长说：“发信号，告诉他我是上校，命令他转向20度。”

对方回答：“我是二等水手，你最好转向20度。”

这时船长已勃然大怒，大叫道：“告诉他，这是战舰，让他转向20度。”

对方的信号传来：“这是灯塔。”

结果，我们改变了航道。

我们随着这位船长经历了一次思维转换，结果整个情况都不同了。这位船长因为身处迷雾而看不清事实，但是看清事实在我们的日常生活中是极其关键的一环。

原则如灯塔，是不容动摇的自然法则。正如塞西尔·德米尔在他执导的电影《十诫》中所揭示的：“我们不可能打破法则，只能在违背法则的时候让自己头破血流。”

只有“灯塔”式指引人类成长和幸福的原则才是“客观的事实”，是地域本身。这一法则已经渗透到历史上所有的文明社会中，并成为家庭和机构繁荣持久的基础。

我所强调的这些原则，并非一些深奥玄妙的宗教哲理，也不属于任何特定的宗教或信仰。这些不辩自明的真理，任何人都可以心领神会，就好像人类与生俱来的良知，即使被社会流俗或个人蒙昧所否定而隐晦不彰，但它们依然存在。

比如“公平”的原则，平等与正义的概念便由此而来。虽然每个社会对何谓公平以及如何维持公平的看法都有很大差异，但基本上都承认该原则的确存在。

“诚信”与“正直”的原则是人类相互信任的基础。有了信任，才有可能互助合作，实现个人与群体的持续成长。

“潜能”原则是指人类可以不断成长、进步、释放潜能和施展才华。与此密切相关的是“成长”原则，即潜能得以释放，才华得以施展的过程。这一过程需要“耐心”、“教育”与“鼓励”等原则的配合。

原则不同于实践。实践是特定的行为或活动，在某一情况下适用的实践未必能在另一种情况下适用。就好比父母不能将教育第一个孩子的方法照搬到第二个孩子身上。

实践是个别的、具体的，而原则是深刻的、基本的和普遍的。原则适用于任何个人、婚姻、家庭、公有及私有机构。如果我们把原则内化为习惯，就能够用不同的实践方法应对任何局面。

原则不是价值观。一群恶匪可以有相同的价值观，但却违背了良善的原则。唯有尊重正确原则，才能认清真相。

原则是人类行为的指南针，历经考验，长盛不衰，无可争议。要抓住原则的本质，最简捷的方法就是设想一下反其道而行之的后果，不会有人以为可以靠欺骗、不公、卑鄙、无能、平庸或者堕落来换得持久的幸福与成功。

一个人的思维方式越符合这些原则或者自然法则，就越能正确而高效地生活。比起为改变态度和行为所做出的努力，正确的思维方式对于个人和人际关系效能的影响要大得多。

成长和改变的原则

个人魅力论之所以让大家趋之若鹜，就是因为它号称能够让人们跨过事物成长的自然历程，迅速而轻松地实现个人效能和人际关系成果丰硕的完满人生。

埃里希·弗洛姆对于个人魅力论的根源和成就有很深的见解，他说：现在有这样一种人，行尸走肉般生活，没有自知之明，他们了解的只是别人期望中的自己。他们的沟通能力、真诚的笑容乃至痛苦的感受都已经被言之无物、伪装的笑容和无聊的绝望所取代。他们已经丧失了天性与个性，并且无可救药。

人的一生包含了许多成长和进步阶段，必须循序渐进。每一步都十分重要，并且需要时间，不能跳过。

我们通常能够在物质领域理解并接受“循序渐进”的原则，但在精神领域、人际关系，甚至个人品德方面，却很难做到这一点。即使理解了，也未必愿意接受或实践，结果妄图走捷径，想跳过关键步骤达到目标的人并非少数。

但是缩短自然成长与发展的过程，结果如何呢？自然的成长过程不容违背、忽略或缩短，那只会让你平添失望和挫败感。

如果学生不肯发问，不肯暴露自己的无知，不肯让老师知道他掌握知识的真正水平，那么就学不到东西，也就不能有长进。而且伪装实非长久之计，总有被拆穿的一天。承认自己的无知往往是求知的第一步。

与配偶、子女、朋友或同事相处一定要学会聆听，这需要情感力量的支撑。聆听需要耐心、坦诚和理解对方的愿望，属于品德的高级范畴。相较之下，以低投入的情感给出“高高在上”的建议要容易得多。

我在企业界看过太多投机取巧的例子，那些主管试图通过激昂的演说、微笑训练、外界干预或是接管、收购以及善意或恶意的并购，来“购买”一种新的企业文化，从而达到提升生产力水平、质量水平、道德水平以及服务水平的目的，但却忽略了玩弄权术会让信任度低下的事实。一旦发现这些并不奏效，他们就转而求助于其他个人魅力的技巧，却从不尊重和遵循自然法则与成长历程，而这些恰恰是高度互信的企业文化的基础。

经验告诉我，教导孩子也要因时而异。在关系和气氛紧张的时候，教导会被视为一种评判与否定；关系融洽的时候，在私下里对孩子循循善诱效果会加倍。可惜当年我的耐性和自控能力尚未成熟到这种程度，因此也走了一些弯路。

或许只有真正经历过拥有，才会真正懂得分享。许多人在家庭或婚姻中只知机械式地付出，或者拒绝付出和分享，可能正是由于他们从未体验过拥有，而且缺乏自我认同和内在的自我尊重。所以教育孩子应该有充分的耐心让他们体会拥有的感觉，同时用足够的智慧告诉他们付出的价值，另外还要以身作则。

症结在于治标不治本

对于那些坚守原则的个人、家庭和团体，一旦有好事发生，总会让人好奇不已。

人们会羡慕他们的个人能力和成熟魅力，家人的团结合作，以及组织内部协同一致的企业文化。

一般人往往会立刻提出问题："你们是怎么做到的？教我一些技巧吧。"这也反映出普通人的基本思维模式，其实他们真正想问的是，"有没有能快速让我脱离现状、摆脱痛苦的诀窍？"

这样的人最终能找到满足他们需求和教会他们方法的人，短期来看，技巧和诀窍似乎很管用，实际作用却和阿司匹林、创口贴一样，只能缓解一时之痛。

然而，痼疾仍然存在，久而久之新的症状又会浮现。人们越是依赖立竿见影的解决方法，越是加剧了问题潜在的隐患。

解决问题的方式正是问题所在。

回顾一下本章开头提到的困扰和个人魅力论带来的影响：

○ 我上过无数关于高效管理的训练课程，我对员工的期望值很高。因此我努力表现得友好并且善待他们，但就是感觉不到他们的忠心。我想要是我有一天生病在家，他们一定会无所事事，闲聊度日。为什么我无法把他们训练得独立又有责任感呢？我为什么找不到这样的员工呢？

针对这种情况，人格魅力论建议采取激烈的手段，重新整顿，重塑员工的观念，让他们对所拥有的一切心存感激然后认真工作。或者让员工接受相关培训，以提高工作热忱，甚至另聘工作能力更强的员工。

但是面对老板如此不忠的举动，员工们会质疑老板有没有为自己利益着想，他们会不会觉得被当作机器对待？这种想法并非空穴来风。

实际上，很多人都在用这种方式看待员工。有没有可能老板看待员工的方式就是管理不善的原因？

○要做的事太多了，我总是感到时间不够用，觉得压力山大，终日忙忙碌碌，一周7天，天天如此。我参加过时间管理研讨班，也尝试过各种安排进度计划的工具。虽然也有点帮助，但我仍然觉得无法像我希望的那样，过上快乐、高效而平和的生活。

个人魅力论认为一定有更有效率的办法解决这些问题，例如新的计划和培训班。

但有没有可能问题并不在于效率？以更短的时间完成更多的工作真的有用吗？又或者这只不过能让人对充斥于生活中的人与环境做出更快的反应？

是不是应该看得更深入、更透彻一些，比如那些足以影响对时间、生命与自我的看法的思维方式？

现在你知道个人魅力论的思维方式是如何深刻地影响甚至决定我们看待问题和解决问题的方法了吧！

不论你是否察觉，总之已经有越来越多的人不再对个人魅力论的空洞承诺抱有幻想。在与全美各类组织合作的过程中，我发现那些高瞻远瞩的主管都对所谓的“励志”故事和演讲避而远之。

他们需要的是实质性的东西，需要过程，而不仅仅是“阿司匹林”和“创可贴”，他们希望铲除病根，只关注会带来长期效应的原则。

新的思想水平

爱因斯坦曾说：“重大问题发生时，依我们当时的思想水平往往无法解决。”

仔细审视自己之后，我们发现那些在个人魅力论影响下产生的问题是如此地侵筋蚀骨，根本不可能再用个人魅力论里那些肤浅的方法解决。我们需要新的、更深层次的思想水平，即基于原则的思维方式，它能正确引导我们实现高效能，改善人际关系，解决深层问题。

这种新的思想水平就是《高效能人士的七个习惯》要阐述的内容，它强调以原则为中心，以品德为基础，要求“由内而外”地实现个人效能和人际效能。

“由内而外”的意思是从自身做起，甚至更彻底一些，从自己的内心做起，包括自己的思维方式、品德操守和动机。

如果你想拥有美满的婚姻，那么就做一个能产生助力而非阻力的人，不要一味强求对方。如果你希望青春期的子女更听话，更讨人喜欢，那么先做个言行一致、充满爱心且懂得体谅的父母。如果你希望在工作上享有更多自由与自主，那么先做个更负责尽职的员工。如果你希望获得信任，那么先做个值得信任的人。如果你希望才华不被埋没，那么先修养自己的基本品德。

由内而外的观点认为个人领域的成功必须先于公众领域的成功；只有先信守对自己的承诺，才能信守对他人的承诺。

由内而外是一个持续的更新过程，以主宰人类成长和进步的自然法则为基础，是螺旋向上的，它让我们不断进步，直到实现独立自强与有效的互赖。

我曾有幸与许多才华横溢、卓越不凡的人共事，其中包括企业主管、大学生、宗教与民间组织、家庭成员和夫妇，他们都渴望幸福与成功，或在寻寻觅觅，或在个中煎熬。我的经验告诉我，由外而内的解决办法，获得的成功和幸福往往难以长久。

不但如此，由外而内的思维方式还会让人自艾自怜，固步自封，并将此归咎于别人和环境的缺陷。我见过一些婚姻不和谐的夫妇，两个人都想改造对方，不断列举对方的“罪状”以达到目的。我也见过一些劳资纠纷，双方耗费大量时间和精力订立规章制度，仿佛这样就能够找到信任的基础。

由内而外的思维转换对很多人来说都堪称剧烈，主要是由于个人魅力论已经成为社会流行的思维方式，其影响已经十分深入。

但就我个人及与人共事的经验，再加上我对历史上成功人士和社会经验的认真思考，我相信七个习惯中的许多原则早已深入人心，存在于我们的良知与常识中。但是要确认和开发这些原则以便加以利用，就必须改变观念、转换思维方式并将其提升到“由内而外”的新境界。

7

第二章

七个习惯概论

习惯对我们的生活有极大的影响，因为它是一贯的，在不知不觉中，经年累月影响着我们的品德，暴露出我们的本性，左右着我们的成败。

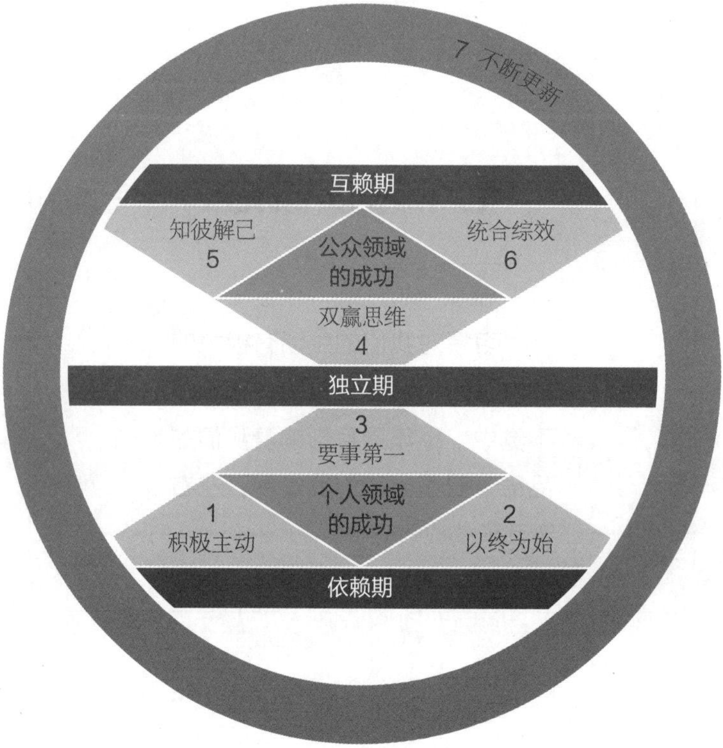
7 不断更新
互赖期
知彼解己
5
公众领域
的成功
统合综效
6
双赢思维
4
独立期
3
要事第一
个人领域
的成功
1
积极主动
2
以终为始
依赖期

人的行为总是一再重复。因此卓越不是一时的行为，而是习惯。

——亚里士多德（Aristotle）
古希腊哲学家、文艺理论家

品德实质上是习惯的合成。俗语说："思想决定行动，行动决定习惯，习惯决定品德，品德决定命运。"习惯对我们的生活有极大的影响，因为它是一贯的，在不知不觉中，经年累月影响着我们的品德，暴露出我们的本性，左右着我们的成败。

阿波罗11号的月球之旅，让我们亲眼目睹了人类第一次在月球上行走的奇观，令人叹为观止。但前提是宇宙飞船必须先摆脱强大的地球引力，为此在刚升空时的几公里消耗的能量比之后几天几十万公里旅程消耗的能量还要多。

习惯也一样有极大的引力，只是许多人不加注意或不肯承认罢了。要根除做事拖沓、缺乏耐心、吹毛求疵或自私自利这些根深蒂固的不良习性，仅有一点点毅力、只做一点点改变是不够的。"起飞"需要极大的努力，然而一旦脱离了引力的束缚，就会迎来广阔的自由天地，创造出高效能生活所必需的凝聚力和秩序。

“习惯”的定义

本书将习惯定义为“知识”、“技巧”与“意愿”相互交织的结果。

知识是理论范畴，指点“做什么”及“为何做”；技巧告知“如何做”；意愿促使“想要做”。要养成一种习惯，三者缺一不可。（见图2-1）

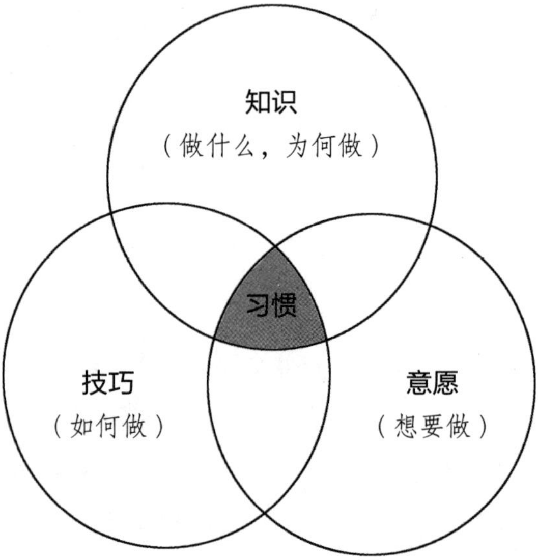

图2-1 高效能的习惯（内在原则及行为模式）

为人和观念的改变是螺旋式向上的过程——为人改变观念，观念反过来改变为人，如此反复循环，螺旋式向上成长。通过在知识、技巧与意愿三方面的努力，我们可以突破多年思维方式的伪保护，使个人和人际关系效能都更上一层楼。

改变习惯的过程很难受，毕竟习以为常的事物比较能给人安全感。但为追求一生的幸福与成功，暂时牺牲眼前的安适与利益，也是值得的。经过一番努力与牺牲所换来的果实，将更为甜美。

成熟模式图

七个习惯并非零散的心理法则。它们符合成长规律，提供了开发个人和人际效能的渐进、连续和高度整合的方法，让我们依次经历“成熟模式”——由依赖到独立，再到互赖，不断进步。

在不断成长与成熟的过程中，我们逐渐认识到自然界的互赖关系，生态学不但支配着自然界，也支配着人类社会。我们还会发现，人性的较高层次必须通过人际关系体现，人生也是互赖的。

“成熟模式图”即人类成长的三个阶段，分别为依赖期、独立期、互赖期。

依赖期的人靠别人来实现愿望；独立期的人单枪匹马打天下；互赖期的人，群策群力实现最高成就。

生理上无法独立的人需要别人帮助；情感上不能独立的人，其价值和安全感都来自他人的看法，一旦无法取悦别人便会极度沮丧；智力上无法独立的人需要他人帮忙思考和解决生活中的大小问题。

相反地，生理上独立的人可以自食其力；智力上独立的人可以有自己的思想，兼具想象、思考、创造、分析、组织与表达的能力；情感上独立的人信心十足，能自我管理，不因他人好恶而影响自我价值评价。

真正独立的品德能够让我们行事主动，摆脱对环境和他人的依赖，是值得追求的自由目标，但仍非高效能生活的终极目标。

只重独立并不适于互赖的现实生活。只知独立却不懂互赖的人只能成为独个的“生产标兵”，却与“优秀领导”或“最佳合作者”之类的称呼无缘，也不会拥有美满的家庭、婚姻或集体生活。

人生本来就是高度互赖的，想要单枪匹马实现最大效能无异于缘木求鱼。

互赖是一个更为成熟和高级的概念。生理上互赖的人，可以自力更生，但也明白合作会比单干更有成效；情感上互赖的人，能充分认识自己的价值，但也知道爱心、关怀以及付出的必要性；智力上互赖的人懂得取人之长，补己之短。

一个能做到互赖的人，既能与人深入交流自己的想法，也能看到他人的智慧和潜力。

但只有独立的人才能选择互赖，尚未摆脱依赖性的人则无此条件，因为他们无论在品德还是在自我把握方面都尚有欠缺。

因此，以下几章先讲述七个习惯中的前三个，着重介绍如何自我约束，由依赖进步到独立。这些习惯属于“个人领域的成功”范畴，是培养品德的基础，而后才能是“公众领域的成功”，就如同耕种与收获的次序无法颠倒一样，必须是由内而外依次实现。

真正独立之后，你就具备了有效互赖的基础，就可以开始致力于更为性格导向的“公众领域的成功”，即习惯四、五、六所讲授的团结、合作与沟通。

这并不意味着你必须要等完全掌握前三个习惯之后，才能开始后面的练习。如此安排顺序是为了让你进步得更快，我不建议你用几年的时间一门心思地修习前三个习惯，直到满意为止。

作为互赖世界的一部分，你每天都要与周围打交道，只不过各种猝然发生的问题经常遮掩了真正的症结所在。了解自己在互赖关系中的作用有助于你遵循自然法则，合理安排实践步骤。

第七个习惯涵盖了其他六个习惯，谈的是自我更新——在人生的四个层面上实现平衡而有规律的更新。它是不断改进、螺旋向上的成长过程，帮助我们自我提升到一个新的水平，在此水平上我们将会更好地理解和实践其他几个习惯。

图2-2标示了七个习惯与三个成长阶段的关系，以下各章我们仍将沿用这个图表来讲授七个习惯的前后关联和相互之间的协作增效，比如它们如何增进彼此的价值，并借此衍生出新的形式。每个概念或习惯都会在后文中予以强调。

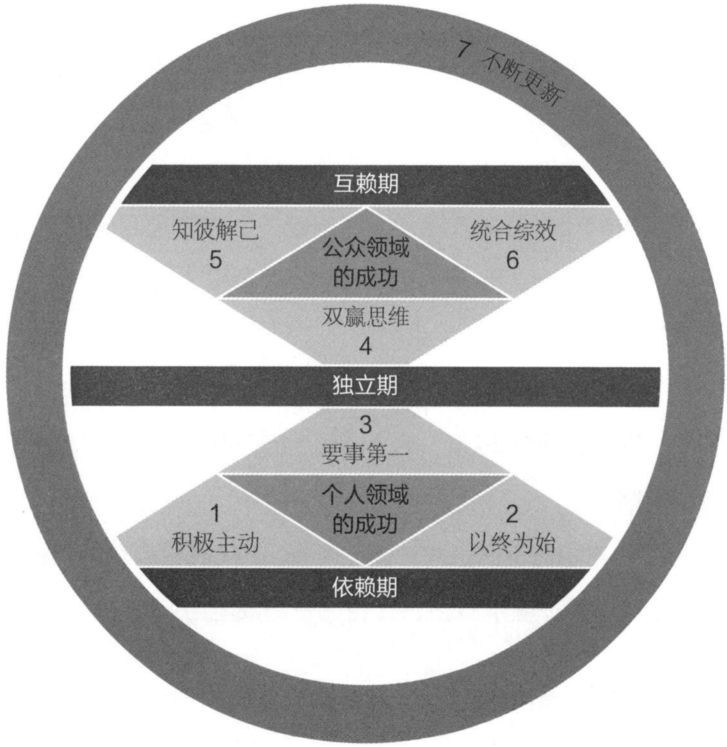

图2-2　七个习惯模型

“效能”的定义

本书介绍的七个习惯都能产生高效能，因为它们基于原则，效果持久，是品德的基础，能帮助你更有效地解决问题，把握机会，不断学习并结合其他原则以实现螺旋向上的成长。

此外，它们以符合自然法则的思维方式为基础，我把这个自然法则称为“产出/产能平衡”（P/PC Balance）的原则。伊索寓言中有一则关于鹅生金蛋的故事，足以说明这个常遭违背的原则。

一个农夫无意间发现一只会生金蛋的鹅，不久便成了富翁。可是财富却使他变得贪婪急躁，每天一个金蛋已无法满足他，于是他异想天开地把鹅宰杀，想将鹅肚子里的金蛋全部取出。谁知打开一看，鹅肚子里并没有金蛋。鹅死了，再也生不出金蛋。

这则寓言中蕴含了一个自然法则，即效能的基本定义。许多人都用金蛋模式来看待效能，即产出越多，效能越高。而真正的效能应该包含两个要素：一是“产出”，即金蛋；二是“产能”——生产的资产或能力，即下金蛋的鹅。

在生活中“重蛋轻鹅”的人，最终会连这个产金蛋的资产也保不住。反之，“重鹅轻蛋”的人，最后自己都可能会被活活饿死，更不用说鹅了。

所以，效能在于产出与产能的平衡。P代表希望获得的产出，即金蛋；PC代表产能，即生产金蛋的资产或能力。

三类资产

人类所拥有的资产，基本上可分为物质资产、金融资本以及人力资本三大类，下面我们要逐一分析。

几年前我曾购得一项物质资产——一台电动割草机。我只知道使用，却从不保养。最初两个季度它还好好的，到第三个季度就出故障了，引擎的马力已经完全丧失，和废铁无异。

急功近利常常会毁掉宝贵的物质资产，这显然不符合效能原则。保持产出与产能的平衡才会帮助你更有效地利用物质资产。

金融资本的有效利用也是一样。本金与利息就相当于产能与产出，本金减少，产生利息的产能就减少，收入当然也会减少，财产缩水，最后连起码的生活水平都无法维持。

我们最宝贵的金融资本就是赚钱的能力。如果不能持续投资以增进自己的产能，眼光就会受到局限，只能在现有的职位上踏步。这同样称不上效能。

对人力资本而言，产出与产能之间的平衡更为重要，因为正是人控制着物质资产与金融资本。

假设夫妻双方都只想着拿到金蛋，享受权益，却不注意维护感情的纽带，即权益的来源，生活中毫无热情、体贴可言，全然不知哪怕一点点的关切和照顾也会对维系深厚感情产生重要作用；两个人一味地玩弄手段，操控对方，只顾满足自己的需要，维护自己的地位，还不断地列举证据证明对方的错误。长此以往，爱情、热情、柔情都会渐渐消退——会下金蛋的鹅日益虚弱。

亲子关系又如何呢？孩子年幼的时候，依赖性强而且极为脆弱，父母很容易忽略对产能的培养，比如教育、沟通和聆听，只知道利用地位优势来操控子女，实现自己的期望。

有的父母会一味地纵容子女，借此获得爱戴与好感，即金蛋，结果孩子在成长的过程中毫无标准，缺乏自律能力和责任感。

不论权威式还是纵容式的管教，都属于偏重金蛋的心态，或想让子女依自己的规划行事，或想取悦子女。唯独忽略了那只鹅，即子女的责任感、自律能力和自信心，而这些在若干年后对他们面对重大抉择和实现重要目标有非同寻常的意义。而且你们的关系会如何呢？到子女长到十几岁，他能否感到你愿意不妄加评判地聆听，真心地尊重和关怀他，值得他信赖呢？你们的关系是否好到足以让你顺利与他亲近、沟通并施加积极影响呢？

比如，你想保持房间整洁，即产出——金蛋，又想让女儿整理房间，即产能，女儿就是那只能产出金蛋的资产鹅。

在产出与产能平衡的情况下，女儿会心甘情愿地整理房间，不需要旁人催促。她是一项可贵的资产，一只会生金蛋的鹅。

但是如果你只关注房间整洁这个产出，总是用唠叨、威胁、吼叫等方法得到金蛋，那就等于牺牲了鹅的健康与幸福。

团体的产能

一切正确原则的可贵之处就在于它们的有效性和适用性。本书提到的原则不仅适用于个人，也适用于包括家庭在内的团体。

如果一个团体的成员在利用物质资产时，不遵守产出与产能平衡的原则，便会降低整个团体的效能，最终导致鹅的死亡。

产出与产能平衡的原则对于一个团体运用人力资本——顾客与员工来说更为重要。

有一家以蛤蜊浓汤叫座的餐厅，每天午餐时间都食客爆满。后来餐厅转手，唯利是图的新老板开始在浓汤中掺水，第一个月的确大发横财，因为成本降低，顾客却没少。但是渐渐地顾客不再上当，失去了顾客信任的餐厅终于门可罗雀。此时老板使尽浑身解数，妄图收复失地，只可惜他已经失去了宝贵的资产——顾客的信任，会生金蛋的鹅已不复存在。

唯有在金蛋（产出）与鹅的健康和幸福（产能）之间取得平衡，才能实现真正的效能。虽然你常会因此面临两难选择，但这正是效能原则的精髓所在。它是短期利益与长期目标之间的平衡，是好分数与刻苦努力之间的平衡，是清洁的房间与良好的亲子关系之间的平衡。

日常生活中，你是否曾为了多收获几枚金蛋而废寝忘食地工作，结果弄得精疲力尽，无力再战？其实若能好好睡一觉，那么第二天就会精力充沛，完成更多的工作，更好地迎接这一天的挑战。

再比如，你强迫别人按你的意志行事，结果却发现你们的关系变得空洞无物；反过来，如果你能用时用心经营人际关系，就能赢得信任与合作，通过开诚布公的交流获得实质性的进展。

产出与产能平衡的原则是效能的精髓，放之四海而皆准。不管你是否遵从，它都会存在。它是指引人生的灯塔，是效能的定义和模式，是本书中七个习惯的基础。

The 7 HABITS of Highly Effective People

第二部分

个人领域的成功：从依赖到独立

PRIVATE VICTORY

PART TWO

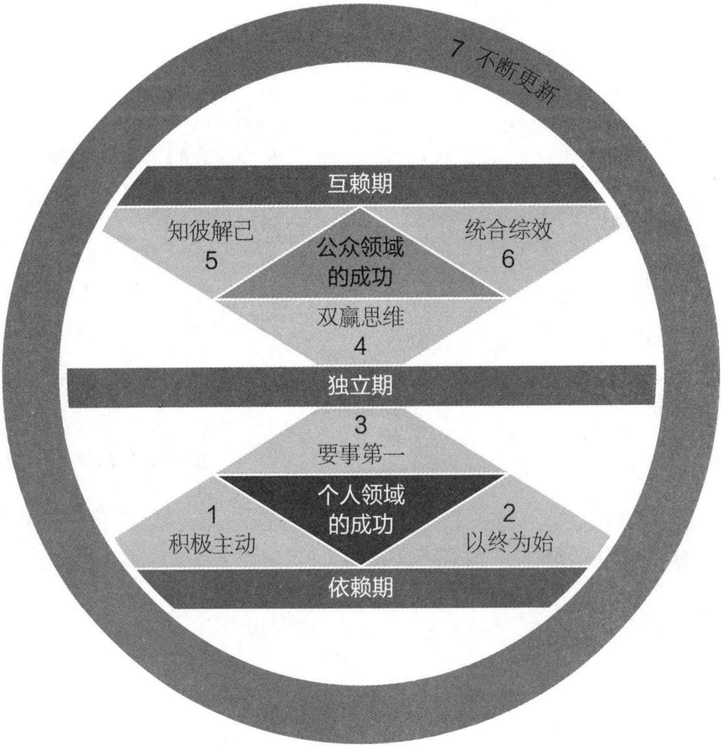

7 不断更新
互赖期
知彼解己
5
公众领域
的成功
统合综效
6
双赢思维
4
独立期
3
要事第一
1
积极主动
个人领域
的成功
2
以终为始
依赖期

7

第三章

习惯一　积极主动

——个人愿景的原则

人性的本质是主动而非被动的，人类不仅能针对特定环境选择回应方式，更能主动创造有利的环境。

采取主动不等于胆大妄为、惹是生非或滋事挑衅，而是要让人们充分认识到自己有责任创造条件。

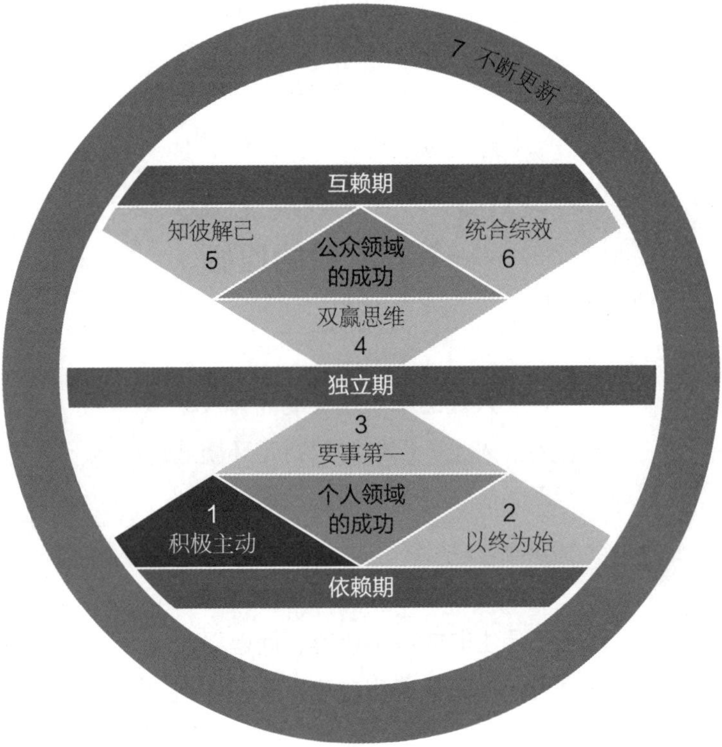
7 不断更新
互赖期
知彼解己
5
公众领域
的成功
统合综效
6
双赢思维
4
独立期
3
要事第一
个人领域
的成功
1
积极主动
2
以终为始
依赖期

最令人鼓舞的事实，莫过于人类确实能主动努力以提升生命价值。

——亨利·戴维·梭罗
（Henry David Thoreau）
美国文学家及哲学家

读这本书的时候请试着跳出自我的框框，把意识转移到屋子的某个角落，然后用心客观地审视自己，你能站在旁观者的角度来观察自己吗？你能描述现在的心情吗？你现在精神状态如何？再想一想你的头脑是怎样工作的，它反应灵敏吗？是不是正在为这个心理实验的目的而疑惑？

以上都是人类特有的精神活动，而动物则缺乏这种自我意识的能力，即思考自己的思维过程的能力。人之所以能成为万物之灵，一代又一代地不断实现重大进步，关键就在于此。这也是我们能从自己和他人的经验中吸取教训，培养和改善自身习性的根本原因。

凭借自我意识，我们可以客观检讨我们是如何“看待”自己的——也就是我们的“自我思维”（Self-paradigm）。所有正确有益的观念都必须以这种“自我思维”为基础，它影响我们的行为态度以及如何看待别人，可说是一张属于个人的人性本质地图。

有了这种认识之后，将心比心，我们也就不难体会他人的想法。否则难免会以己之心度人之意，以至于表错情会错意。幸好人类独有的自我意识，使我们能够检讨自己的自我思维究竟确实发自内在，还是来自社会的制约与环境的影响。

社会之镜

如果我们仅仅通过“社会之镜”，即时下盛行的社会观点以及周围人群的意见、看法和思维方式来进行自我认知，那无异于从哈哈镜里看自己。

因为，这些零星的评语不一定代表真正的你，与其说是影像，不如说是投影，反映的是说话者自身的想法或性格弱点。

时下盛行的社会观点认为，环境与条件对我们起着决定性的作用。我们不否认条件作用的影响巨大，但并不等于承认它凌驾于一切之上，甚至可以决定我们的命运。

实际上根据这种流行看法而绘制的社会地图一共可以分为三种，也可以说是已经被广泛接受的用来解释人性的三种“决定论”。

基因决定论：认为人的本性是祖先遗传下来的。比如一个人的脾气不好，那是因为他先祖的DNA中就有坏脾气的因素，又借着基因被传续下来。

心理决定论：强调一个人的本性是由父母的言行决定的。比如你总是不敢在人前出头，每次犯错都内疚不已，那是与父母的教育方式和你的童年经历分不开的，因为你忘不了自己尚且稚嫩、柔弱和依赖他人时受到的心灵伤害。

环境决定论：主张环境决定人的本性。周遭的人与事，例如老板、配偶、叛逆期子女，或者经济状况乃至国家政策，都可能是影响因素。

这三种地图都以“刺激—回应”理论为基础，很容易让人联想到巴甫洛夫所做的关于狗的实验。其基本观点就是认为我们会受条件左右，以某一特定方式回应某一特定刺激。（见图3-1）

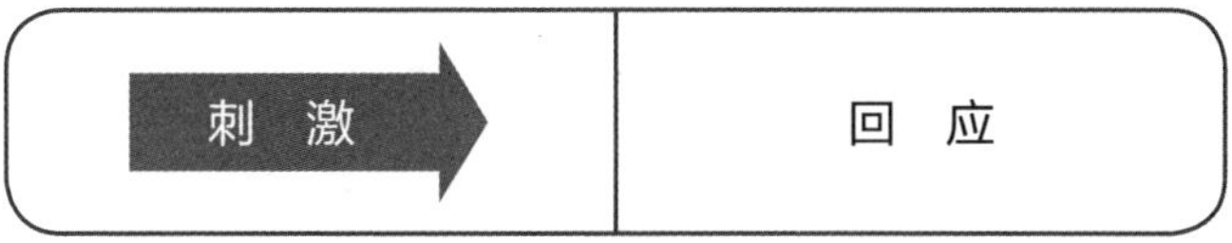

图3-1　消极被动模式

那么，这些“决定论”地图的准确性和作用如何？能否清晰反映人类真正的本性？能否自圆其说？是否以内心的原则为基础呢？

刺激和回应之间选择的自由

维克多·弗兰克尔的感人事迹可以帮助我们回答上述疑问。

弗兰克尔是一位深受弗洛伊德心理学影响的决定论者。该学派认为一个人的幼年经历会造就他的品德和性格，进而决定他的一生。

身为犹太人，弗兰克尔曾在“二战”期间被关进纳粹德国的死亡集中营，其父母、妻子与兄弟都死于纳粹魔掌，只剩下一个妹妹。他本人也饱受凌辱，历尽酷刑，过着朝不保夕的生活。

有一天，他赤身独处于狭小的囚室，忽然有一种全新的感受，后来他称之为“人类终极的自由”。虽然纳粹能控制他的生存环境，摧残他的肉体，但他的自我意识却是独立的，能够超脱肉体的束缚，以旁观者的身份审视自己的遭遇。在遭遇（刺激）与对遭遇的回应之间，他有选择回应方式的自由或能力。

在最恶劣的环境中，弗兰克尔运用人类独有的自我意识，发掘了人性最根本的原则，即在刺激与回应之间，人有选择的自由。

选择的自由包括人类特有的四种天赋。除自我意识外，我们还拥有“想象力”，即超越当前现实而在头脑中进行创造的能力；“良知”，即明辨是非，坚持行为原则，判断思想、言行正确与否的能力；“独立意志”，即基于自我意识、不受外力影响而自行其是的能力。

其他动物即使智慧再高也不具备这些天赋。生而为人，如果也像动物一样，只听命于本能及后天环境的影响，发展自然极其有限。但若能加以锻炼和开发，则会在不同程度上实现我们独具的人类潜能，在刺激与回应之间自由选择就是我们最大的能力。

“积极主动”的定义

弗兰克尔在牢狱中发现了人性的这个基本原则，并将其绘成了一幅精准无误的地图（见图3-2），由此发展出高效能人士在任何环境中都应具备的、首要的，也是最基本的习惯——“积极主动”。

积极主动不仅指行事的态度，还意味着人一定要对自己的人生负责。个人行为取决于自身的抉择，而不是外在的环境，人类应该有营造有利的外在环境的积极性和责任感。

责任感（Responsible），从构词法来说是能够回应（Response-able）的意思，即选择回应的能力。所有积极主动的人都深谙其道，不会把自己的行为归咎于环境、外界条件或他人的影响。

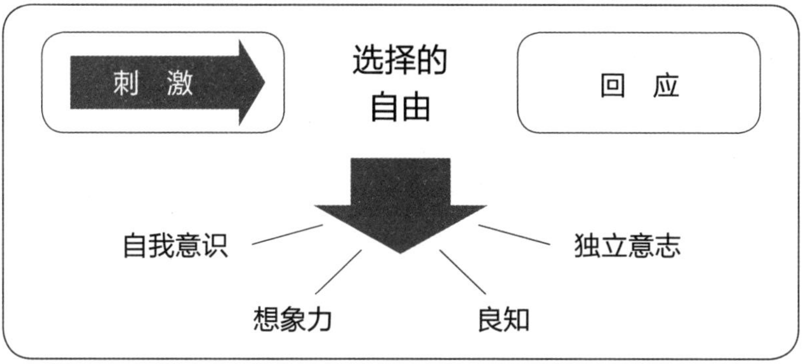

图3-2　积极主动模式

积极主动是人类的天性，即使生活受到了外界条件的制约，那也是因为我们有意或无意地选择了被外界条件控制，这种选择称为消极被动。这样的人很容易被自然天气所影响，比如：风和日丽的时候就兴高采烈；阴云密布的时候就无精打采。而积极主动的人则心中自有一片天地，无论天气是阴雨绵绵还是晴空万里，都不会对他们产生影响，只有自己的价值观才是关键因素。

消极被动的人还会受到“社会天气”的影响。别人以礼相待，他们就笑脸相迎，反之则摆出一副自卫的姿态。

积极主动的人理智胜于冲动，他们能够慎重思考，选定价值观并将其作为自己行为的内在动力；而消极被动的人则截然相反，他们感情用事，易受环境或条件作用的驱使。

但这并不意味着积极主动的人对外界刺激毫无感应，只不过他们会有意无意地根据自己的价值观来选择对外界物质、心理与社会刺激的回应方式。

圣雄甘地曾经说过：“除非拱手相让，否则没人能剥夺我们的自尊。”可见最刻骨铭心的伤害并非悲惨遭遇本身，而是我们竟然会放任这些伤害戳刺在我们心上。

我们可能有幸认识这样一些人，身处困境——或罹患重病，或严重残障——却始终顽强拼搏，令人钦佩，发人深省。他们超越了痛苦和环境，让生命价值得以体现和升华，并对他人产生了震撼，以及长久而深远的影响。

弗兰克尔曾指出人生有三种主要的价值观：一是经验价值观，来自自身经历；二是创造价值观，源于个人独创；三是态度价值观，即面临绝症等困境时的回应。这三种价值观中，境界最高的是态度价值观。我多年的经验证明，这种说法的确有道理。

逆境往往能激发思维转换，使人以全新的观点看待世界、自己与他人，审视生命的意义，进而思考应该如何回应，这种更宽广的视角反映的就是可以提升和激励所有人的态度价值观。

采取主动

人性的本质是主动的。人类不仅能针对特定环境选择回应方式，更能主动创造有利环境。但这不等于胆大妄为、惹是生非或滋事挑衅，而是要让人们充分认识到自己有责任创造条件。

我经常建议有意跳槽的人采取更多主动，不妨做几个关于兴趣和能力的测验，研究自己心仪行业的状况，甚至思考自己的求职单位正面临何种难题，然后以有效的表达方式，向对方证明自己能够协助他们解决问题。这就是“解决方案式的推销（自己）”，是事业成功的重要诀窍之一。

人们通常都不否认这种做法的确有助于求职或晋升，但是又常常以各种借口拒绝采取必要步骤来实践这种主动。太多人只是坐等命运的安排或贵人相助，事实上，好工作都是靠自己争取来的。

变被动为主动

积极主动与消极被动有天壤之别，尤其再加上聪明才智，差别就更大了。

采取主动是实现人生产能与产出平衡的必要条件，对于培养七个习惯来说也不例外。本书的其余六个习惯，都以积极主动为根基，而每个习惯又都会激励你采取主动，但是如果你甘于被动，就会受制于人，面临的发展与机遇也截然不同。

积极行动不同于积极思考。我们不但需要面对现实，还要面对未来。但真正的现实是，我们有能力以积极态度应对现状和未来，逃避这一现实，就只能被动地让环境和条件决定一切。

包括企业、家庭和各级社会团体在内的任何组织都可以采取积极的态度，将其与创造力结合起来，在内部营造积极主动的文化氛围，不必坐等上苍的恩赐，而是通过集思广益，主动培育团队的共同价值观和目标。

关注圈与影响圈

看一个人的时间和精力集中于哪些事物，也能大致判断他是否积极主动。每个人都有格外关注的问题，比如健康、子女、事业、工作、国债或核战争等等，这些都可以被归入“关注圈”，以区别于自己没有兴趣或不愿理会的事物。（见图3-3）

关注圈内的事物，有些可以被掌控，有些则超出个人能力范畴，前者可以被圈成一个较小的“影响圈”。（见图3-4）观察一个人的时间和精力集中于哪个圈子，就可以判断他是否积极主动。

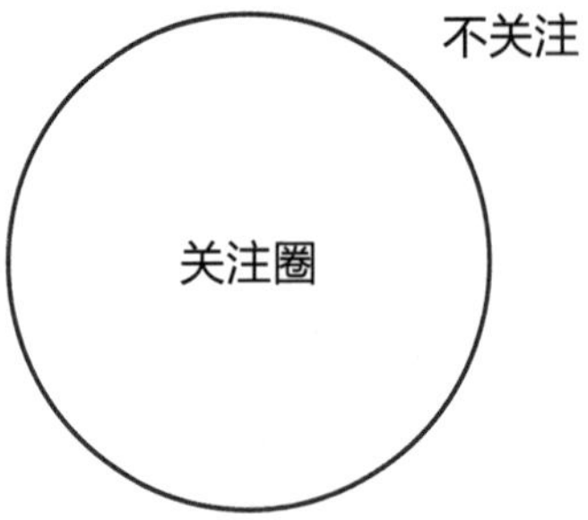

图3-3

图3-4

积极主动的人专注于“影响圈”，他们专心做自己力所能及的事，他们的能量是积极的，能够使影响圈不断扩大、扩张和成长。（见图3-5）

反之，消极被动的人则全神贯注于“关注圈”，紧盯他人弱点、环境问题以及超出个人能力范畴的事情不放，结果越来越怨天尤人，并不断为自己的消极行为寻找借口。错误的焦点产生了消极能量，再加上对力所能及的事情的忽略，就造成了影响圈日益缩小。（见图3-6）

只要我们的焦点在关注圈，就等于是允许自己受制于外界条件，自然就不会主动采取必要措施来推动积极变化。

前面提到我有一个儿子在学校里遇到了麻烦，我和桑德拉都很担心，怕他因为那些弱点而被别人轻视。但这些都属于关注圈范围，结果错误的焦点不但没有解决问题，反而让我们自己备感忧虑和无助，同时也加重了孩子的依赖性。后来我们聚焦于影响圈，着眼于自己的思维方式，结果真的有效。结论是我们不必担

图3-5　积极主动者的焦点
（积极能量扩大了影响圈）

图3-6　消极被动者的焦点
（消极能量缩小了影响圈）

忧外界条件，只要先从自己做起，就可以化阻力为助力。

人与人的地位、财富、角色及人际关系不尽相同，因此在某些情况下，一个人的关注圈可能会小于影响圈。（见图3-7）这说明此人由于自身的缘故，在情感方面缺乏远见和判断力，消极而又自私，全部精力都放在关注圈内。

积极主动的人虽然更看重自己的影响力，但他们的关注圈往往不小于影响圈，这样才能有效发挥影响力。

图 3-7

直接控制、间接控制和无法控制

我们面对的问题可以分为三类：可直接控制的（问题与自身的行为有关），可间接控制的（问题与他人的行为有关）和无法控制的（我们无能为力的问题，例如我们的过去或现实的环境）。对于这三类问题，积极主动的人都是由影响圈着手，加以解决。

可直接控制的问题：可以通过培养正确习惯来解决，这显然在影响圈范围内，本书第二部分“个人领域的成功”中讨论到的习惯一、二、三即属于这一类。

可间接控制的问题：可以通过改进施加影响的方法来解决，例如采取同理心方式而不是针锋相对，以身作则而不是口头游说。这在第三部分“公众领域的成功”的习惯四、五、六中有所论述。

无法控制的问题：我们要做的就是改变面部曲线，以微笑、真诚与平和来接受现实。纵使有再多不满，也要学着泰然处之，这样才不至于被问题控制。

不论是能直接控制的、间接控制的还是无法控制的问题，解决的第一步都掌握在我们自己手里。我们可以改变习惯、手段和看法，而这些都属于影响圈范围。

扩大影响圈

令人鼓舞的是，在对环境选择回应方式的同时，我们对环境的影响力也得到增强。这就像一个化学方程式，改变其中的某一部分，其结果就会跟着改变。

几年前我曾为一家公司提供服务，其总裁被公认为精力旺盛、目光敏锐，能洞悉行业发展趋势，但是他在管理方面却独断专行，对部属总是颐指气使。

这几乎让所有主管人心涣散，一有机会便聚集在走廊上大发牢骚。乍听之下，他们的抱怨不但言之有理，而且用心良苦，但实际上他们没完没了的抱怨无非是在以上司的缺点作为推卸责任的借口。

然而，有一位主管却不愿意向环境低头。他并非不了解顶头上司的缺点，但他的回应不是批评，而是设法弥补这些缺失。上司颐指气使，他就加以缓冲，减轻属下的压力。又设法配合上司的长处，把努力的重点放在能够着力的范围内。

有一天，我以顾问的身份与这位总裁交谈，他大为夸赞这位主管。“那些建议是他运用数据分析后得出的结果。精彩绝伦！但凡他经手的工作都不需要操心，这帮我减轻了负担。”以后再开会时，其他主管依然被命令行事，唯有那位积极主动的主管会被征询：“你的意见如何？”——他的影响圈扩大了。

这在办公室造成不小的震撼，那些只知抱怨的人又找到了新的攻击目标。对他们而言，唯有推卸责任才能立于不败之地。

幸好这位主管对同事的批评不以为意，仍以平常心待之。久而久之，他对同事的影响力也增加了。后来，公司里任何重大决策必经他的参与及认可，总裁也对他极为倚重。但总裁并未因他的表现而感到威胁。因为他们两人正可取长补短，相辅相成，产生互补的效果。

这位主管并非依靠客观的条件而成功，是正确的抉择造就了他。有许多人与他处境相同，但未必人人都会注重扩大个人的影响圈。

有人误以为“积极主动”就是胆大妄为、滋事挑衅或目中无人，其实不然，积极处世者只是更为机敏，更重视价值观，能够切乎实际，并掌握问题的症结所在。

圣雄甘地就曾受到印度议员的抨击，因为他不肯随声附和，和他们一起谴责大英帝国对印度人民的奴役，而是亲自下乡，在田间与农民同甘共苦，从点滴做起，一步步扩大了在劳苦大众中的影响力，最后终于赢得全国人民的支持和信任，由此充分显示出他能将影响圈扩大到极致的力量。

“如果”和“我可以”

一个人的关注圈与影响圈可以从他的言谈中看出端倪，与关注圈相关的语句多半带有假设性质。

“要是我的房屋贷款付清了，我就没这么烦心了。”

“如果我的老板不这么独断专行……”

“如果我学历更高……”

“如果我有更多属于自己的时间……”

而与影响圈相关的语句则多半体现了这个人的品德修养，例如“我可以更耐心、更明智、更体贴……”

把外在环境视作问题症结的想法本身就成问题，应该说是我们给了外部环境控制自己的权力，这种“由外而内”求变的思维方式就是以外在环境改变作为个人改变的先决条件。

积极的做法应该是“由内而外”地改变，即先改变个人行为，让自己变得更充实，更具创造力，然后再去施加影响，改变环境。

《旧约》里有段约瑟的故事。约瑟17岁就被兄弟卖到埃及，成为埃及法老的护卫长波提乏的奴隶。面对这样的遭遇，任何人都难免自怨自艾，并对出卖和奴役自己的人满腔怨愤，但是约瑟却能够积极处世，专心磨炼自己，不久便倍受信任，帮助主人打理家事，掌管财产。

后来他遭人诬陷，身陷囹圄达13年之久，皆因他坚持不肯出卖自己的良心。即便身处这样的困境，他积极的态度依然不改，他从自身做起，时刻想着“我可以”而不是“如果”，化悲愤为动力，没多久就掌管了整座监狱，后来又掌管了整个埃及，成为一人（法老）之下、万人之上的大人物。

我知道这种激烈的思维转换并非人人能及，毕竟让他人或外界条件作替罪羊要容易得多。但是人人都应该对自己的人生负责，应该为自己营造有利环境，而不是坐等好运或噩运的降临。

婚姻出现裂痕的时候，只顾着揭发对方的过错不但于事无补，而且这种强调“错不在我”的做法本身就证明了你是个连自己都无法保护的受害者，自然更谈不上影响对方。不断的指责不但无法使人改过迁善，反而会令人恼羞成怒。

真正有效的策略是从自身能控制的方面着手，也就是先改进自己的缺失，努力成为模范妻子或丈夫，给予对方无条件的爱与支持。我们当然也盼望对方能感受这份良苦用心，进而改善自己的行为。不过对方的反应如何，并非重点所在。

除了好丈夫、好妻子，我们不妨也试着做个好学生或好职员。如果遇上实在无能为力的状况，保持乐观进取的心态仍是上上策，不管快乐或不快乐，同样积极主动。有些事物不是人力所能控制，比方说天气，但我们仍可保持内心的愉悦或外在环境的愉悦氛围。对力不能及之事处之泰然，对能够改变的则全力以赴。

硬币的另一面——应对错误的选择

在把生活中心由关注圈移至影响圈之前，有两件关注圈内的事值得深思，那就是自由选择的后果以及错误。

每个人都可以选择自己的行为与回应，但后果仍由自然法则决定，非人力所能左右。比如我们可以选择一步跨到高速行驶的火车的正前方，但是与火车冲撞的后果却在影响圈外。又比如有些经商者喜欢玩弄手段，瞒天过海，由此产生的社会后果取决于事情是否败露，然而人格污点却无论如何都难以消除。

原则制约我们的行为，顺之则产生积极效果，逆之则导致消极后果。所以说我们在享有选择的自由的同时，也必须承担随之而来的后果，就好像“拾起手杖的一头，也就拾起了手杖的另一头”。

人的一生中，错误的选择常常发生，其后果让人悔不当初，却又无能为力，于是想象着如果再有一次机会，必会另作他选，这是值得我们深思的第二件事。

对于已经无法挽回的错误，积极主动的人不是悔恨不已，而是承认往日错误已属关注圈的事实，那是人力无法企及的范畴，既不能从头来过，也不能改变结果。

对待错误的积极态度应是马上承认，改正并从中吸取教训，这样才能真正反败为胜。

如果犯了错却不肯承认和改正，也不从中吸取教训，等于错上加错，自欺欺人。文过饰非、强词夺理无异于一错再错，结果是越描越黑，给自己带来更深的伤害。

实际上伤我们最深的，既不是别人的所作所为，也不是自己所犯的错误，而是我们对错误的回应。我们对任何错误的回应都会影响到下一刻发生的事件，所以一定要立刻承认并加以改正，避免殃及未来，这样我们也会重获力量。

做出承诺，信守诺言

影响圈的核心就是做出承诺与信守诺言的能力。积极主动的本质和最清晰的表现就是对自己或别人有所承诺，然后从不食言。

承诺也是成长的精髓。自我意识与良知的天赋让我们能够自我检讨，发现有待改进的地方、有待发挥的潜能以及有待克服的缺点，然后想象力与独立意志的天赋会配合自我意识，帮我们做出承诺，确立目标，矢志达成。

由此就找到了两种能够直接掌控人生的途径：一是做出承诺，并信守诺言；二是确立目标，并付诸实践。即便只是承诺一件小事，只要有勇气迈出第一步，也有助于培育内心的诚信，这表示我们有足够的自制能力、勇气和实力承担更多的责任。一次次做出承诺，一次次信守诺言，终有一天我们会克服情绪的掣肘，获得人生的尊严。

做出承诺与信守诺言正是培养高效能习惯的根本力量。知识、技巧和意愿都位于影响圈内，改善其中任何一项都会改善三者之间的平衡，三者的交集越大，说明我们对于习惯及其原则的修养越完善，就越能够以崇高的品德实现平衡而高效能的生活。

积极主动：为期30天的试验

我们不一定非要像弗兰克尔那样，在经历了死亡集中营的遭遇以后才开始认识并培养积极主动的精神，日常生活的种种琐事同样可以训练我们养成积极主动的习惯，以应付人生的巨大压力。具体表现在我们如何做出和信守承诺，如何面对交通阻塞，如何应对顾客的无理要求或是孩子的叛逆行为，如何看待自己的问题，把精力集中在哪些事情上以及使用什么样的语言。

各位不妨用30天的时间亲身实践积极主动的原则，再观其结果。这期间请把全部精力投放到影响圈内，从各种小事开始，许下承诺并予以兑现。学会做照亮他人的蜡烛，而不是评判对错的法官；以身作则，而不是一心挑错；解决问题，而不是制造事端。

在婚姻、家庭和工作中，都可以试行这个原则。不要总是怨天尤人或文过饰非，犯了错误，就要马上承认，改正并从中吸取教训，致力于影响圈内的事情，从自身做起。

对于别人的缺点，不要一味指责。别人是否履行职责并不重要，重要的是自己的态度。如果你一直认为问题“存在于外部”，那么请马上打住，因为这种想法本身就是问题。

如果能对选择的自由加以善用，那么假以时日，自由的范围会越来越大，反之就会越来越小，直到只能够“被动生存”，即按照他人——父母、同事和社会——的意志生活。

我们要对独立意志的天赋善加利用，对自己的效能和幸福负责，对身边的环境负责，这是后面每一个习惯的基础。

塞缪尔·约翰逊曾说：“满意源自内心，那些对人性一无所知的人总是妄图通过改变外在而不是内在性情来追求幸福，结果必是徒劳无功，而本来想摆脱的痛苦却会与日俱增。”

行动建议

1. 花一整天，听听你自己和周围人的语言，你使用“但愿”、“我办不到”、“我不得不”等消极回答的频率有多高？

2. 根据以往的经历，想象一下将来遇到什么会让你变得消极。假如你关注的是影响圈，再考虑一下这个场景，你能怎样积极回应？用几分钟时间，在头脑里鲜活地描绘那个场景，设想你用一种积极方式进行回应。你只需要随时提醒自己被动刺激和主动回应之间的区别，不要忘记有自由选择的权利。

3. 找出一个在工作或生活中令你倍感挫折的问题，判断它属于直接控制、间接控制还是无法控制的问题，然后在影响圈内找出解决问题的第一个步骤，并付诸行动。

4. 试行“积极主动”原则30天，写下自己的影响圈有何变化。

7

第四章

习惯二　以终为始

——自我领导的原则

• • •

太多人成功之后，反而感到空虚；得到名利之后，却发现牺牲了更宝贵的东西。因此，我们务必固守真正重要的愿景，然后勇往直前坚持到底，使生活充满意义。

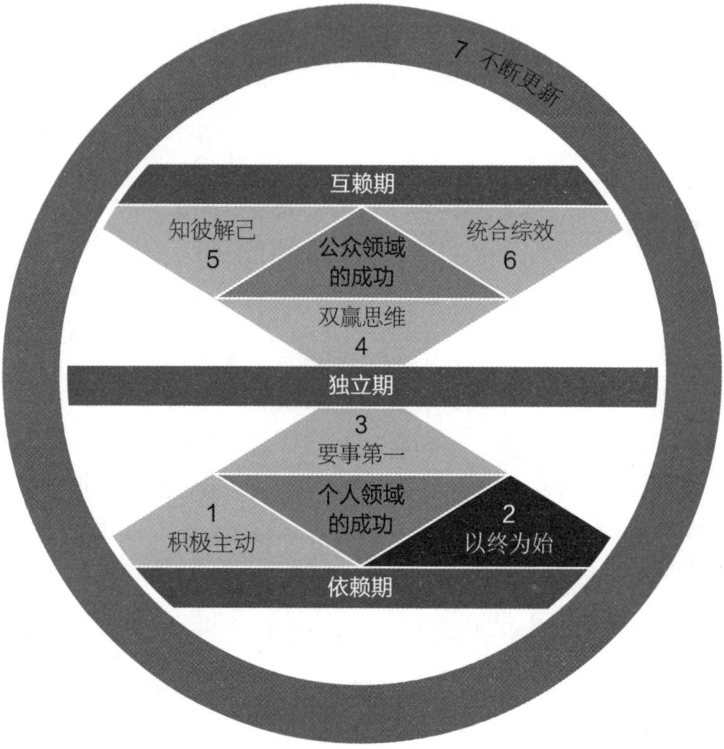
7 不断更新
互赖期
知彼解己
5
公众领域
的成功
统合综效
6
双赢思维
4
独立期
3
要事第一
个人领域
的成功
1
积极主动
2
以终为始
依赖期

和内在力量相比，身外之物显得微不足道。

——奥利弗・温德尔・霍姆斯
（Oliver Wendell Holmes）
美国最高法院前大法官

阅读下面的内容时，请找个僻静的角落，抛开一切杂念，敞开心扉，跟我走过这段心灵之旅。

假设你正在前往殡仪馆的路上，要去参加一位至亲的丧礼。抵达之后，居然发现亲朋好友齐集一堂，是为了向你告别。亲族代表、友人、同事或社团伙伴，即将上台追述你的生平。

现在请认真想一想，你希望人们对你以及你的生活有怎样的评价？你是个称职的丈夫、妻子、父母、子女或亲友吗？你是个令人怀念的同事或伙伴吗？你希望他们回忆起你的哪些成就和贡献？你希望对周围人的生活施加过什么样的影响？

在继续阅读之前，请大致记下你的回答和感受，这有助于你对习惯二的理解。

“以终为始”的定义

如果你认真走过了上述心灵之旅，那你已经短暂触及了内心深处的某些基本价值观，也和位于影响圈核心的内心指导体系建立了联系。

请思考约瑟夫·爱迪生的话：

当我面对伟大人物的墓地，妒忌之心荡然无存；当我阅读历代佳丽的碑文，贪婪的欲望顿然消失；当我在墓碑旁遇见泣不成声的父母，禁不住悲从中来；当我看到父母的坟墓，忍不住感到为那些自己即将追随的人而体味的痛苦是如此地空虚；当我看到王者与其废黜者的墓碑并肩而立，生前为不同观点唇枪舌战的文人墨客的遗体相邻而居，不禁感到那些内讧、派系斗争、人间是非的渺小。再查看墓碑上的日期，发现有些就在昨日，有些却可追溯到600年前，于是不禁想到，当最后审判日那天来临，我们都将同样接受上帝的审判。

虽然习惯二适用于不同的环境和生活层面，但最基本的应用，还是应该从现在开始，以你的人生目标作为衡量一切的标准，你的一言一行、一举一动，无论发生在何时，都必须遵循这一原则，即由个人最重视的期许或价值观来决定一切。牢记自己的目标或者使命，就能确信日常的所作所为是否与之南辕北辙，并且每天都向着这个目标努力，不敢懈怠。

以终为始说明在做任何事之前，都要先认清方向。这样不但可以对目前处境了如指掌，而且不至于在追求目标的过程中误入歧途，白费工夫。

你希望在盖棺定论时获得的评价，才是你心目中真正渴望的成功。

若能先定目标，你的洞察力会大为改善。有这么一则小故事，葬礼上有人问死者的朋友："他留下了多少遗产？"对方回答："他什么也没带走。"

任何事物都需要两次创造

"以终为始"的一个原则基础是"任何事都是两次创造而成"。我们做任何事都是先在头脑中构思，即智力上的或第一次的创造，然后付诸实践，即体力上的或第二次的创造。

以建筑为例，在拿起工具建造之前，必须先有详尽的设计图纸；而绘出设计图纸之前，须先在脑海中构思每一细节。有了设计图纸，然后有施工计划，这样按部就班，才能完成建筑。假使设计稍有缺失，弥补起来，可能就会事倍功半。

创办企业也是如此，要想成功，必须先明确目标，根据目标来确定企业的产品或服务，然后整合资金、研发、生产、营销、人事、厂房、设备等各方面的资源，朝既定目标奋力推进。"以终为始"往往是企业成功的关键，许多企业都败在第一次创造上——事先缺乏明确的目标，以致资金不足、规划不周或对市场的解读有误。

以终为始的原则适用范围极广。明白了两次创造的道理，把制定目标看得与实践本身同样重要，影响圈就会日益扩大，反之就会日渐缩小。

"任何事物都是两次创造而成"是个客观原则，但"第一次的创造"未必都经过有意识的设计。有些人自我意识薄弱，不愿主动设计自己的生活，结果就让影响圈外的人或事控制了自己，其生活轨迹屈从于家庭、同事、朋友或环境的压力，受各种外界条件的制约。

无论你是否意识到，是否能够控制，生活的各个层面都存在第一次的创造。每个人的人生都是第二次的创造，或者是自己主动设计的，或者是外部环境、他人安排、旧有习惯限定的。自我意识、良知和想象力这些人类的独特天赋让我们能够审视各种第一次的创造，并掌控自己的那一部分，即自己撰写自己的剧本。换句话说，习惯一谈的是“你是创造者”，习惯二谈的是“第一次创造”。

领导与管理：两次创造

“以终为始”的另一个原则基础是自我领导，但领导不同于管理。领导是第一次的创造，必须先于管理；管理是第二次的创造，具体会在习惯三中谈及。

领导与管理就好比思想与行为。管理关注基层，思考的是“怎样才能有效地把事情做好”；领导关注高层，思考的是“我想成就的是什么事业”。用彼得·德鲁克和华伦·贝尼斯的话来说：“管理是正确地做事，领导则是做正确的事。”管理是有效地顺着成功的梯子向上爬，领导则判断这个梯子是否靠在了正确的墙上。

要理解两者的区别并不难。想象一下，一群工人在丛林里清除矮灌木。他们是生产者，解决的是实际问题。管理者在他们后面拟定策略，引进技术，确定工作进度和补贴计划。领导者则爬上最高的那棵树，环视全貌，然后大声喊道：“不是这块丛林！”

很多个人、团队和企业都是这样埋头猛干，却意识不到他们要砍伐的并非这片丛林。当今世界日新月异，更突出了有效领导的重要性。与路线图相比，我们更加迫切需要的是一个愿景或目的地以及指路的罗盘（一套原则或指导方针）。

成功，甚至求生的关键并不在于你流了多少血汗，而在于你努力的方向是否正确，因此无论在哪个行业，领导都重于管理。

对企业来说，市场瞬息万变，积极的领导者必须紧盯商业环境的变化，特别是消费者购买习惯和购买心理以及员工队伍的变化，以便合理整合企业资源，拨正企业的发展方向。如果缺乏有效的领导，即使是高效率的管理，也一样徒劳无功。再成功的管理也无法弥补领导的失败，而领导难就难在常常陷于管理的思维定式难以自拔。

我相信为人父母者也难免会走入类似的管理误区，只想到规矩、效率与控制，忽略了目的、方向与亲情。

个人生活中的领导意识则更为匮乏，很多人连自己的价值观都没有搞清楚，就忙于提高效率，制定目标或完成任务。

改写人生剧本：成为自己的第一次创造者

正如前面所说，人类的自我意识天赋是积极处世的基础，另两项天赋，想象力和良知，则使我们能在生活中发扬积极精神，施行自我领导。

想象力能让我们在心里演练那些尚未释放的潜能；良知能让我们遵循自然法则或原则，发挥自己的独特才智，选择合适的贡献方式，再有就是确定自己的指导方针以便将上述能力付诸实践；而想象力、良知、自我意识的结合则能让我们编写自己的人生剧本。

当我们因袭的“人生剧本”有违我们的生活目标时，我们能够利用想象力和创造力书写新的剧本，它将更为符合我们内在的价值观。

假设我是一位严厉的父亲，每当子女做出令我反感的行为，立刻会火冒三丈，把教训子女的真正目的抛诸脑后，拿出做父亲的权威，迫使子女屈服。在眼前的冲突中我固然得胜，亲子关系却出现裂痕。孩子表面顺从，但口服心不服，受到压抑的情绪，日后会以更糟的形式表现出来。

让我们再回到本章一开始提到的实验。在我的丧礼上，子女齐集一堂，表达孝思。我期望他们个个都很有教养，满怀对父亲的爱，而不是与父亲起冲突的创痛。但愿他们心中充盈的是往日美好的回忆，记得老爸曾与他们同甘共苦过。我所以有这些期望，因为我重视子女、爱护子女，以做他们的父亲为傲。

但在实际生活中，繁复的事务扰乱了我的方向，表面上对孩子的态度并不能真正反映我心底的情感。

以终为始意味着要带着清晰的方向和价值观来扮演自己的家长角色或其他角色，要为自己人生的第一次创造负责，为改写自己的人生剧本负责，从而使决定行为和态度的思维方式真正符合自己的价值观和正确原则。

它还意味着我们每天都要牢记这些价值观，因为这会让我们保持积极主动的态度，以价值观为行动准则，一旦生活有变，就可以根据个人价值观决定因应之道，无须受制于情绪或外界环境。

个人使命宣言

以终为始最有效的方法，就是撰写一份个人使命宣言，即人生哲学或基本信念。宣言主要说明自己想成为怎样的人（品德），成就什么样的事业（贡献和成就）及为此奠基的价值观和原则。

宣言的内容与形式可以因人而异，以我朋友罗尔夫·科尔的为例：

- 家庭第一。
- 借重宗教的力量。
- 在诚信问题上决不妥协。
- 念及相关的每一个人。
- 未听取正反双方意见，不妄下断语。
- 征求他人意见。
- 维护不在场的人。
- 诚恳但立场坚定。
- 每年掌握一种新技能。
- 今天计划明天的工作。
- 利用等待的空闲时间。
- 态度积极。
- 保持幽默感。
- 生活与工作有条不紊。
- 别怕犯错，怕的是不能吸取教训。
- 协助属下成功。
- 多请教别人。
- 专注于当前的工作，不为下一次任务或晋升瞎担心。

另一位兼顾家庭与事业的女性的个人使命宣言则不同：

- 我努力兼顾事业与家庭，因为两者对我来说都很重要。
- 家庭是平安、祥和与幸福的地方，我要以智慧来创造整洁温馨的环境，衣食住行要巧安排，特别重要的是要教导子女善良、进取与乐观，还要培养他们的特长。

○珍惜民主社会的权利、自由和责任，我要成为关心社会的市民，参与政治和选举以表达自己的意见。

○自强自立，积极处世，追求人生目标；主动抓住机遇、应对环境，而不是消极被动。

○避免养成恶习，不断完善自己，提高自己的能力。

○金钱是人的奴隶而非主人。我要逐步实现经济独立，量入为出，除了车、房的长期贷款，不为日常消费品借贷，还要定期储蓄或利用部分收入做投资。

○我愿意参与志愿服务和慈善捐款，奉献金钱、才智以改善他人的生活。

你可以把个人使命宣言称为个人宪法。对于个人来说，基于正确原则的个人使命宣言也同样是评价一切的标准，成为我们以不变应万变的力量源泉。它既是做出任何关键抉择的基础，也是在千变万化的环境和情绪下做出日常决策的基础。

只要心中秉持着恒久不变的真理，就能屹立于动荡的环境中。因为一个人的应变能力取决于他对自己的本性、人生目标以及价值观的不变信念。

确立了个人使命宣言之后，我们就能随机应变，不必带着成见或偏见来对事态妄加推断，也不必因循守旧地给各种事物定性分类，这样自然能保持一份安全感。

有了使命感，你就抓住了积极主动的实质，有了用以指导生活的愿景和价值观，并在这些根本指引的基础上设立长期和短期目标以及正确的方向。使命感还有助于你制定基于正确原则的个人书面宪法，让你能够据此高效能地利用时间、精力和才能。

核心区

制订个人使命宣言必须从影响圈的核心开始，基本的思维方式就在这里，即我们用来观察世界的“透镜”。

我们要在此处确立自己的愿景和价值观；利用自我意识检查我们的思维方式是否符合实际，是否基于正确的原则；利用良知作为罗盘来审视我们独特的聪明才智和贡献手段；利用想象力制定我们所渴求的人生目标，确定奋斗的方向和目的，搜罗使命宣言的素材。

当我们专注于这个核心并取得丰硕成果的时候，影响圈就会被扩大，这是最高水平的产能，会有力提高我们在生活各领域的效能。

这个核心还是安全感、人生方向、智慧与力量的源泉。（见图4-1）

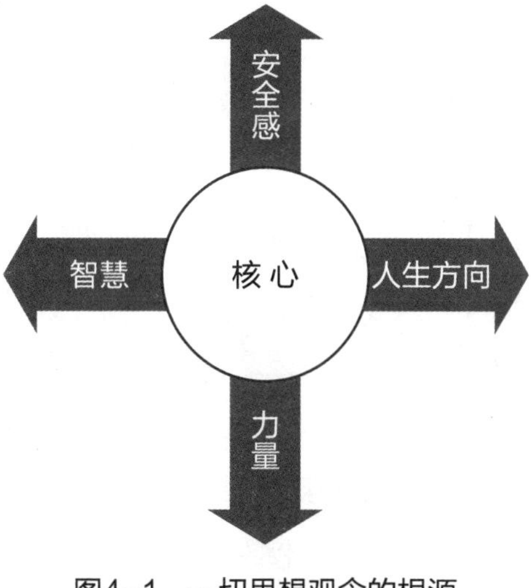

图4-1　一切思想观念的根源

“安全感”代表价值观、认同、情感的归属、自尊自重与拥有个人的基本能力。

“人生方向”是“地图”和内心的准绳，人类以此为解释外界事物的理据以及决策与行为的原则和内在标准。

“智慧”是人类对生命的认知、对平衡的感知和对事物间联系的理解，包括判断力、洞察力和理解力，是这些能力的统一体。

“力量”则指采取行动、达成目标的能力，它是做出抉择的关键性力量，也包括培育更有效的习惯以替代顽固旧习的能力。

它们相辅相成——安全感与明确的人生方向可以带来真正的智慧，智慧则能激发力量。若四者全面均衡，且协调发展，便能培养高尚的人格、平衡的性格与完美的个体。

这四者的成熟程度，它们之间平衡、协调和整合的情况，它们对生活各方面的积极或消极影响，都取决于你的基本思维方式。

各种生活中心

不论你是否意识得到，人人都有生活中心，它们对生活各方面的强烈影响毋庸置疑。

下面几种生活中心的介绍可以帮助我们理解它们是如何影响上述四个因素和我们的生活的。

以配偶为中心　婚姻可说是最亲密持久、最美好可贵的人际关系，因此以丈夫或妻子为生活重心，再自然不过了。

但根据我多年来担任婚姻顾问的经验，以配偶为中心的婚姻关系，多半会出现情感过度依赖的问题。太过于重视婚姻，会使人的情感异常脆弱，经不起些许打击，甚至无法面对如新生儿降生或经济窘迫等变化。

婚姻会带来更多的责任与压力，一般人通常根据以往所受的教养来应对。然而两个背景不同的人，思想必定有差异，于是理财、教育、婆家或岳家的问题，都会引起争执。若再加上其中一方情感难以独立，这桩婚姻便岌岌可危。

以家庭为中心 以家庭为重的现象也十分普遍，而且似乎理所当然。家的确带来爱与被爱、同甘共苦以及归属的感觉，但过分重视家庭，反而有害家庭生活。

以家庭为重的人通常会把家族传统和荣誉作为安全感和价值感的来源。因此一旦出现可能影响这些传统与声誉的改变，他们就变得脆弱不堪。

这样的父母在养育子女时，缺乏以子女最终幸福为目标的情感自由和力量。假设他们的安全感来自家庭，那么希望得到子女尊重的渴望就会超过给孩子的成长投资。或者，他们只会关注子女一时的举止是否符合礼仪。但凡出现不当行为，他们马上会感到不安。紧接着他们完全受到当下情绪的左右，完全不考虑对子女成长带来的影响，下意识地大喊大叫或是训斥，还可能反应过度进而粗暴惩罚。他们的爱往往是有条件的，结果若非导致子女更为依赖，就是导致子女变得叛逆。

以金钱为中心 谁也无法否认钱的重要性，经济上的安全感也是人类最基本的需求之一。人类的需求等级中，生存基本需要和经济安全感排在第一，如果得不到满足，那么人类的其他需要便难以实现。

从安全感（Security）、人生方向（Guidance）、智慧（Wisdom）和力量（Power）这四个支撑人生的要素考虑，假设我主要从酬劳和薪水中获得安全感，势必寝食难安，因为影响财富的变数太多，任何一个闪失都难以承受。如果我凭借工资的多少衡量我的人生价值，那一旦工资出现变化我将不能认可自己。工作和薪水本身，只能提供有限的力量和安全感，却无法带来方向和智慧。这些要说明的是，以金钱为中心会给我和我爱的人带来危机。

有人为了逐利，不惜将家庭及其他重要事物摆在一边，而且以为别人都认同这种做法。我认识一位可敬的父亲，准备带子女出游时，忽然接到公司要求加班的电话，但是他回绝了，因为“工作还会再来，童年却只有一次”。这一幕深深印在子女脑海里，一生难忘。

以工作为中心 只知埋头苦干的“工作狂”，即使牺牲健康、婚姻、家庭与人际关系也在所不惜。他的生命价值只在于他的职业或工作——医生、作家或演员……

正因为他们的自我认同和自我价值观都以工作为基础，所以一旦无法工作，便失去了生活的意义。任何妨碍工作的因素都很容易影响到他们的安全感；他们的人生方向取决于工作需要；而智慧和力量也只限于工作领域，无益于其他生活领域。

以名利为中心 许多人深受占有欲驱使，不仅想把好车、豪宅、游艇、珠宝、华服等这些有形的物质据为己有，对于那些无形的名誉、荣耀与社会地位也不肯放过。

必须靠名利与物质来肯定自我的那些人，必定终日忧心忡忡，患得患失。面对名气、地位或者条件好过自己的人就觉得相形见绌，面对稍逊自己的人又趾高气扬。自我评价和自我认识如此飘忽不定，起落频繁，却还要固执地守住自己的资产、所有物、有价证券、地位和名誉不放。难怪有人会在股票大跌或政坛失意后一死了之。

以享乐为中心　与名利紧密相关的享乐也可能成为生活的中心，这在享乐之风盛行的速成主义世界里不足为奇。电视与电影向人们展示了另外一些人的财富和安逸生活，从而激发了人们的渴望。

然而银幕上的浮华生活对于人格、效能和人际关系的影响却远不如表面看起来那么美好。

适度娱乐可使人身心舒畅，有利于家庭及其他人际关系的改善，但是短暂的娱乐和刺激并不能给人持久的快乐与满足。贪图享乐的人很快就会厌烦已有的刺激，渴望追求更高层次的刺激和快感。长期沉溺于此，就会以是否能够享乐来评价一切。

休太长的假，看太多的电影或电视，打太多的电子游戏，长期无所事事，都等于浪费生命，无益于增长智慧，激发潜能，增进安全感或指引人生，只不过制造更多的空虚而已。

以敌人或朋友为中心　青少年尤其容易以朋友为重，为了被同龄人的团体所接纳，他们愿付出一切代价，对于这个团体内流行的价值观也照单全收。他们对团体极度依赖，易受他人的感觉、态度、行为或情绪的影响。

以敌人为中心的情况似乎闻所未闻，实则相当普遍，只是往往本人不易察觉罢了。当一个人觉得遭到某个在社会或情感层面十分重要的人物的不公平待遇后，很容易对其耿耿于怀，并处处作对，这就是以敌人为生活中心。

以朋友或敌人为中心的人没有内在的安全感，自我价值变化无常，受制于他人的情绪和行为；人生方向也取决于他人的回应，时时揣摩如何反击；他们的智慧受限于以敌人为中心的偏执心理；

毫无力量可言，总是被别人牵着鼻子走。

以宗教为中心　我相信任何有宗教信仰的人都知道，经常去教堂的人不一定有崇高的精神世界。有些人热衷于宗教活动，却无视周围人紧急时的求助，违背了自己所标榜的信仰；而另一些不那么热衷于宗教活动，甚至没有宗教信仰的人，言行却更合乎宗教劝人向善的宗旨。

以宗教为中心的人，往往关注个人形象或出席活动，戴着伪善的面具，其安全感和内在价值也因此受到影响。他们的人生方向并非来自良知，而是随波逐流。

把宗教当作目标而不是实现目标的手段会削弱智慧和平衡感。虽然宗教声称能通过教导赐人力量，但也只是传递上帝神圣力量的媒介，并未断言自己就是力量本身。

以自我为中心　时下最常见的恐怕就是以自我为中心的人，他们最明显的特征就是自私自利，与多数人的价值观背道而驰。然而市面上盛行的个人成功术无一不是以个人为中心，鼓吹只索取、不付出，却不知狭隘的自我中心观会使人缺乏安全感和人生方向，也不会有智慧及行动力量。唯有以造福人群、无私奉献为目的追求自我成长，才能在这四方面不断长进。

以原则为中心

以正确原则为生活中心可以为发展前述四个支撑人生的因素，即安全感、人生方向、智慧和力量奠定坚实的基础。

认识到这一点，我们就有了安全感。原则是恒久不变、历久弥新的，不像其他中心那样多变，所以值得信赖，可以给我们高度的安全感。原则是理性而非感性的，因此能让我们充满信心，配偶和密友都可能离我们而去，但原则不会。

原则是深刻的、实在的、经典的真理，是人类共有的财富。它们准确无误，始终如一，完美无瑕，强而有力，贯穿于生活的方方面面。

当然，我们也并非无所不知。我们对正确原则的认识和理解受限于我们对自己和世界本质的了解，也受到时下流行的与原则相背离的哲学和理论的影响。但是这些哲学和理论跟它们的"前辈"一样，都有风光的时候，却难逃被抛弃的命运，不能持久，原因就是它们的基础是虚幻的。

我们的局限性是可以逐步改善的。理解成长的原则可以让我们在寻找正确原则的时候充满自信，相信学得越多，就越能以正确的视角更清楚地观察世界。原则不会改变，但我们对原则的理解可以改变。

如果以原则为生活中心，智慧和人生方向的来源就是正确的地图，反映事物的真实历史和现状。正确的地图让我们能够清晰了解自己的目标以及实现途径，能够基于正确的资料做出更有意义、更易执行的决策。

而力量来自自我意识、知识和积极的心态，因而能够摆脱环境及他人态度和行为的制约。

唯一能制约力量的是原则本身的必然后果。前面说过，我们可以自由选择行动，但无法选择行动的后果——"拾起手杖的一头，也就拾起了手杖的另一头。"

任何原则都有必然后果。遵从原则，后果就是积极的；忽视原则，后果就是消极的。原则具有广泛适用性，无论是否为人所知，这种制约都是普遍存在的。越了解正确的原则，明智行动的自由度就越大。

以永恒不变的原则作为生活中心，就能建立高效能的思维方式，也就能正确审视所有其他的生活中心。（见图4-2）

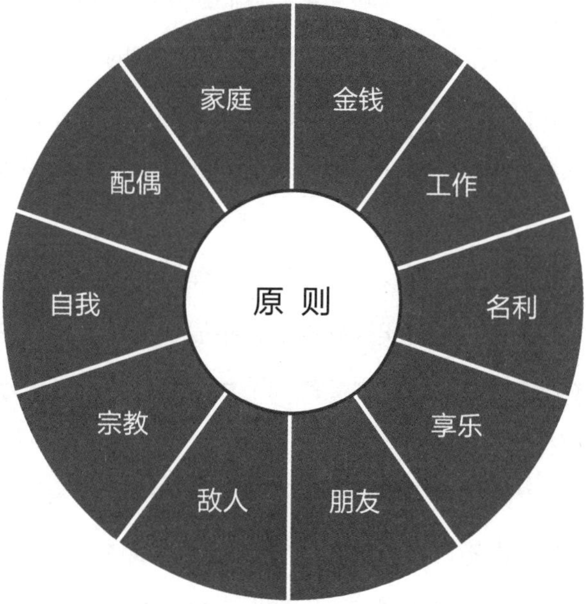

图4-2　以原则为生活中心

一个人的思维方式能决定他的态度和行为，就好像“透镜”能影响一个人对世界的观察一样。生活中心不同，产生的观念也就各异。下面我们先通过一个实例来看看不同的思维方式（生活中心）会让人有怎样不同的回应。

现在假定你已经买好票，准备晚上与配偶一起去听音乐会，对方兴奋不已，满怀期待。

可是下午四点钟，老板突然来电话要你晚上加班。

○对以家庭或配偶为中心的人而言，当然是优先考虑配偶的感受。为了不让他（她）失望，你很可能会委婉地拒绝老板。即使为了保住工作而勉强留下来加班，心里也一定十分不情愿，担心着配偶的反应，想着用什么合适的理由来安抚他（她）的失望与不满。

○以金钱为中心的人则看重加班费或加班对于老板调薪决策的影响，于是理直气壮地告诉配偶自己要加班，并理所当然地认为对方应该谅解，毕竟经济利益高于一切。

○以工作为中心的人会觉得正中下怀，因为加班既可以让自己增加经验，又是一个很好的表现机会，有利晋升，所以不论是否需要，都会自动延长加班时间，并想当然地以为配偶会以此为荣，不会为爽约一事小题大做。

○以名利为中心的人，会算计一下加班费能买到什么，或者考虑一下加班对个人形象有何助益，比如赢得一个为工作而牺牲自己的美誉。

○以享乐为中心的人，即使配偶并不介意，也还是会撇下工作赴约，因为实在需要犒劳自己一下。

○以朋友为中心的人，则根据是否有朋友同行，或其他工作伙伴是否也加班来做决定。

○以敌人为中心的人，会乐于留下，因为这可能是一个打击对手的良机——在对手悠哉游哉的时候拼命工作，连他的任务也一并完成，牺牲自己的一时快乐来证明自己对公司的贡献比对手更大。

○以宗教为中心的人则会考虑其他教友的计划，考虑办公室是否有其他教友或者音乐会是否与宗教相关，由此决定取舍。此外，你认为优秀教友会怎么做，加班的目的是奉献还是追求物质利益等也会影响你的决定。

○ 以自我为中心的人只关心哪一样对个人的好处更大：是听音乐会好，还是让老板增加好感更有利？两种选择给自己带来的后果有何不同会是考虑的主要因素。

○ 以原则为中心的人会保持冷静和客观，不受情绪或其他因素的干扰，纵观全局——工作需要、家庭需要、其他相关因素以及不同决定的可能后果，深思熟虑后才做出正确的选择。

拥有其他生活中心的人可能和以原则为中心的人做出的选择一样，都是赴约或者都是加班，但是后者的选择会有以下几项特征：

首先，这是主动的选择，没有受到环境或他人的影响，是通盘考虑后选择的最佳方案，是有意识的明智选择。

其次，这是最有效的选择，因为它基于原则，其长期后果可以预料。

再次，这是根据原则所做出的选择，能提高自身的价值。贯彻这个决定的过程有助于从整体上提升你的生活质量和意义。

再次，若平时已与配偶和老板建立了良好的相互依赖关系，此时就不难向他们解释如此决定的理由，而且也会得到体谅。

最后，对自己的选择胸有成竹，无论结果怎样，都能专注于此，并且心安理得，内心没有羁绊。

以原则为生活中心的人总是见解不凡，思想与行为也独具一格，而坚实、稳定的内在核心赐予他们的高度安全感、人生方向、智慧与力量，会让他们度过积极而充实的一生。

撰写使命宣言并付诸实践

弗兰克尔说："我们是发现而不是发明自己的人生使命。"这么说的确再恰当不过了。凡是人都具备良知与理智，足以发现个人的特长与使命。

在实现这种独特目标的过程中，我们会再次注意到积极主动和专注于影响圈的重要性。如果只把心思放在关注圈内，沉溺于寻求生命的抽象意义，那就等于放弃自己的责任，听任环境或他人来主宰自己的命运。

以计算机作比喻。前一章习惯一认为，你是自己的人生程序设计员。本章则要求你写出属于个人的程序，也就是个人使命宣言。

无论如何，使命宣言是个人的根本法则、基本人生观，也是衡量一切利弊得失的基准。撰写使命宣言的过程，重要性不亚于最后的结论。为了形诸文字，你势必要彻底检视自己真正的理想——最珍贵的人生目标。随着思想脉络日益清晰，相随心转，你会有耳目一新的感觉。

善用整个大脑

自我意识让我们能审视自己的思想，这特别有助于撰写个人使命宣言。撰写过程中需要发挥作用的两项人类天赋——想象力和良知——是右脑的主要职能。知晓怎样开发右脑功能能够大大增强设计人生的能力。

研究结果显示，人的大脑可分为左右两部分，左脑主司逻辑思考与语言能力，右脑执掌创造力与直觉。左脑处理文字，右脑擅长图像；左脑重局部与分析，右脑重整体与整合。

最理想的状况是左右脑均衡发展，并能随时切换，这样遇到问题时就可以先判断需要哪个半脑出面应对，然后加以调用即可。但实际上，每个人或多或少都是某半边大脑比较发达，面对问题时也倾向于用较发达的一边做出应对。

用美国心理学家亚伯拉罕·马斯洛的话说："善用榔头的人往往认为所有东西都是钉子。"善用右脑和善用左脑的人看事物往往是不同的。

当今世界基本上是崇尚左脑的，语言文字、逻辑推理等被奉为重要才能，而感官直觉、艺术创造总是居于从属地位，难怪很少有人习惯于发挥右脑功能。

开发右脑的两个途径

理解了左右脑的这种分工，就不难明白善于创造的右脑对于第一次创造的成功来说影响巨大。我们越是开发右脑的功能，就越能通过心灵演练和综合能力，跨越时空障碍对人生目标做全盘考量与规划。拓宽思路和心灵演练就是开发右脑的两个途径。

拓宽思路

有时，人会因为意外打击而在瞬间从左脑思维变成右脑思维，比如亲人离世、罹患重病、经济危机或陷入困境的时候，我们会扪心自问："到底什么才是真正重要的？我究竟在追求什么？"

积极主动者不需要这种刺激，就能拓宽思路，自觉转换思维方式。

方法有很多，比如本章开篇处，想象参加自己的葬礼就是其中之一。现在请试着写下给自己的悼词，越具体越好。

你也不妨在脑海里描绘银婚及金婚纪念日的情景，邀请配偶与你一起来畅想。两人共同的理想婚姻关系应当怎样，如何通过日常活动来付诸实施？

你也可以想象退休后的情形，希望那时候自己有怎样的贡献和成就，退休后又有什么计划，是否想二次创业？

开动脑筋，想象每一个细节，尽量投入自己的热情与情感。

人人都能够运用想象力来挖掘内心深处真正的价值观，虽然技巧各异，但效果相同。只要肯用心探究、探求人生目标，就能以一颗虔诚的心对待生命，把思路拓宽，把目光放远。

心灵演练与确认

施行自我领导不是只要撰写一个使命宣言就成了，它是一个确立愿景和价值观，并让自己的生活遵从这些重要原则的过程。右脑会在这个过程中帮助你进行心灵演练，并对正确行为加以确认。这会让你的生活更符合使命宣言，也是“以终为始”的另一种应用。

确认应该包括五个基本要素：个人、积极、果断、可视、情感。例如，“发现子女行为不当时，我（个人）能以智慧、爱心、坚定的立场与自制力（积极）及时应对（果断），结果让我深感欣慰（情感）。”

这个过程是可视的，可以进行心灵演练。我每天都抽出几分钟，在身心完全放松的情况下，想象孩子们可能做出的各种不当行为，以及自己的反应。我尽量设想每一个细节，想象的细节越生动，脑海中的影像越清晰，就越能深刻体会到那种感觉，仿佛身临其境。

有一次，我看到了女儿的不当行为，要在平常，这一定会让我心跳加剧，脾气失控，但是，这一次我在脑海中看到自己在关爱和自律的作用下做出了正确反应，于是加以“确认”。我能够按照自己的价值观和使命宣言来撰写程序，改写人生剧本。

如能每天如此，我的行为就会在潜移默化中逐渐转变，直到能完全控制情绪，冷静应变。从此我的人生剧本将以我的价值观为依据，而不是外界环境。

查尔斯·加菲尔德博士曾研究过很多竞技运动和企业方面的佼佼者，还研究过宇航员上天之前在地面进行的模拟演练。

结果他发现他们中的很多人（包括一流运动员）都擅长这种心灵演练。在商务谈判、上台表演、日常挑战或困难冲突到来之前，不妨参照以上范例多加演练，直到能够胸有成竹，感同身受，无所畏惧。

就撰写和实践使命宣言来说，执掌创造力与直觉的右脑是我们最有用的资产。

事实上，有效的个人领导、心灵演练和确认方法都源于对人生目标和原则的深思熟虑，并在改写人生剧本、深入理解人生目标和基本原则方面有无穷力量。

心灵演练和确认也是设计人生的手段，但必须注意不要违背自己的生活中心，更不能源于金钱、自我或其他远离正确原则的生活中心。

想象力可以帮人达到追名逐利的目的，但却不能长久。我相信脚踏实地的想象力若能与良知共同发挥作用，将有助于超越自我，并实现基于独特目标和原则的高效能生活。

确定角色和目标

人生在世，扮演着各式各样的角色：为人父母、妻子、丈夫、主管、职员、亲友，同时也担负不同的责任。因此，在追求圆满人生的过程中，如何兼顾全局，就成了最大的考验。顾此失彼，在所难免；因小失大，更是司空见惯。

考虑到这一点，在撰写使命宣言时，不妨分开不同的角色领域，一一订立目标。在事业上，你可能扮演业务员、管理人员、产品开发人员的角色。在生活中，你或许是妻子、母亲、丈夫、邻居、朋友。其余有关政治、信仰方面的种种角色，也都各有不同的期待与价值标准。

下面这位企业主管就将角色和目标这两个理念引入了他的使命宣言：

我的使命是堂堂正正地生活，并且对他人有所影响，对社会有所贡献。

为完成这一使命，我会要求自己：

有慈悲心——亲近人群，不分贵贱，热爱每一个人。

甘愿牺牲——为人生使命奉献时间、才智和金钱。

激励他人——以身作则，证明人为万物之长，可以克服一切困难。

施加影响——用实际行动改善他人的生活。

为了完成人生使命，我将优先考虑以下角色：

丈夫——妻子是我这一生中最重要的人，我们同甘共苦，携手前行。

父亲——我要帮助子女体验乐趣无穷的人生。

儿子/兄弟——我不忘父母、手足的亲情，随时对他们施以援手。

基督徒——我信守对上帝的誓言，并为他的子民服务。

邻居——我要学习像耶稣一样爱和善待他人。

变革者——我能激发和催化团队成员的优异表现。

学者——我每天都学习很多重要的新知识。

一旦确定了主要的人生角色，你就能清楚地把握全局。接着，还要订立每个角色的长期目标，这些目标必须反映你真正的价值观、独特的才干与使命感。

角色与目标能赋予人生完整的架构和方向，假若你还缺少这么一份个人使命宣言，现在正是开始撰写的最佳时机。至于近期的目标，将于下一章作讨论。

家庭的使命宣言

除了个人以外，家庭也可凭借共同的目标来促进和谐。有不少家庭处理人际关系没有原则，全凭一时兴起及个人好恶，缺乏长久之计。因此，每当压力剧增，家人便乱了方寸，出现冷言相向、冷嘲热讽或沉默抗议等消极反应。在这种环境下长大的孩子，必然以为解决问题的方法只有冲突或逃避。

其实，每个家庭都有共同的价值观及理念作为生活的中心，撰写家庭使命宣言正可凸显这个生活中心。家庭使命宣言有如宪法，可当作衡量一切利弊得失的标准，以及重大决定的依据，并使全家人在共同的目标下团结一心。

撰写家庭使命宣言，同样也是过程与成果并重。由全家共同讨论、拟订及定时修正，更能促进沟通，强化向心力，坚定付诸实现的决心。面临危机或困难时，家庭使命宣言可帮助一家人认清方向，共渡难关。

组织的使命宣言

对于成功的企业来说，使命宣言同样至关重要。身为企业顾问，我的主要任务之一，就是协助企业制定可行的长期目标。这类目标必须由所有成员共同拟定，不能由少数高层决策者包办。这里再次强调，参与过程与书面成果同样重要，而且还是付诸实践的关键。

每次到IBM公司参与员工培训，我都感触良多。IBM主管时时不忘向员工强调该公司的三大原则：个人尊严、卓越与服务。

它们代表了IBM的信仰，因此尽管世事变迁，IBM从上到下的每一个人都始终信守这三大原则，无一例外。

记得有一次在纽约训练一批IBM员工，班上人数不多，约20人左右。不幸的是有位来自加州的学员生病，需要特殊治疗。负责主办训练的IBM人员，原想安排他就近住院治疗，但为体谅他妻子的心情，便决定送他回家由家庭医生诊治。为了争取时间，无法等待普通班机，公司居然租用直升机送他到机场。还包专机，千里迢迢送回加州。

虽然确切花费不详，但我相信这笔开销不下数千美元。为了秉持个人尊严的原则，IBM宁愿付出这样的代价。这对在场的每个人都是最好的教育机会，也给我留下了深刻的印象。

很多公司都有令人印象深刻的崇高目标，也都据此订立了使命宣言。但同样是使命宣言，由所有成员共同拟定的和由少数高层决策者包办的真是有天壤之别。

唯有参与，才有认同

许多组织，包括家庭，都有一个最根本的问题，那就是成员并不认同集体目标。我经常看到员工个人目标与企业目标背道而驰的现象，还有很多企业的薪酬制度与其所标榜的理想不相契合。

所以在审视企业的使命宣言时，我一定会问员工："这儿有多少人知道你们有使命宣言？有多少人知道其中的内容？有多少人参与了使命宣言的拟定？又有多少人真正认同并在决策中贯彻执行？"

唯有参与，才有认同，这个原则值得强调再强调。

小孩子或新进人员很容易接受父母或企业加诸其上的观念，但长大成人或熟悉环境后，就会产生独立意志，要求参与。假使没有全体成员参与，则实在难以激发向心力与团队热忱。这便是为什么我要一再强调，组织应开诚布公、不厌其烦地广泛征求意见，订立全体共有的使命宣言的缘由。

一个真正反映每个成员的共同愿景和价值观的使命宣言，能调动他们的创造力和奉献精神，使他们不再需要旁人的指挥、监督和批评，因为他们已经接受了不变的核心原则，接受了企业为之奋斗的共同目标。

行动建议

1. 花时间记录一下你在本章开头进行参加葬礼心灵演练时的感想。使用下面的表格进行整理。

社交圈	性格	贡献	成就
家庭			
朋友			
工作			
教会/公共服务			

2. 写下你在生活中扮演的角色以及对此的想法。你对自己的表现满意吗？

____

____

____

3. 为自己专门安排一些时间，不去处理日常事务，专心于个人使命宣言。

____

____

____

4. 阅读本书附录二所列的各种生活中心，看看你的行为符合其中哪个类型。你的日常行为是否因此有了一定依据？你是否满意？

5. 从现在开始收集、记录并引用你想用作使命宣言的材料。

6. 设想近期内可能会从事的某个项目，用智力创造的原则，写下你希望获得的结果与应采取的步骤。

7. 向家人或者同事讲述本章的精华，并建议大家共同拟定家庭或者团队的使命宣言。

7

第五章

习惯三　要事第一
——自我管理的原则

有效管理是掌握重点式的管理，它把最重要的事放在第一位。由领导决定什么是重点后，再靠自制力来掌握重点，时刻把它们放在第一位，以免被感觉、情绪或冲动所左右。

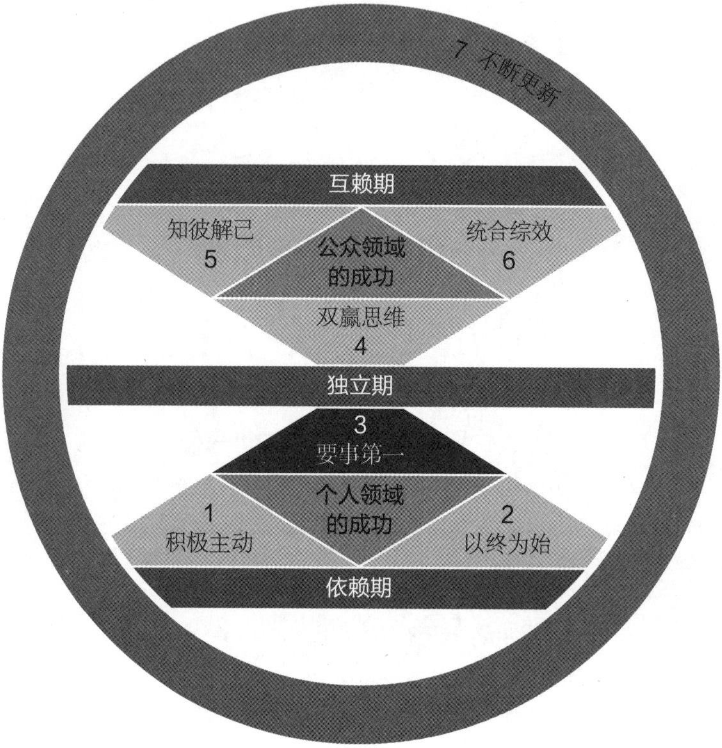
7 不断更新
互赖期
知彼解己
5
公众领域
的成功
统合综效
6
双赢思维
4
独立期
3
要事第一
个人领域
的成功
1
积极主动
2
以终为始
依赖期

重要之事决不可受芝麻绿豆小事牵绊。

——歌德（Goethe），德国诗人

现在请准备好纸和笔，用几分钟的时间简要回答下面这两个问题，你的回答对学习我们即将深入探讨的习惯三来说十分重要。

○ 在你目前的生活中，有哪些事情能够使你的个人生活彻底改观，但是你一直没有去做？

○ 在你目前的生活中，有哪些事情能够使你的工作局面彻底改观，但是你一直没有去做？

我们稍后再来讨论这两个问题，现在，我们先来探讨一下习惯三的具体内容。

习惯三可以让人受益匪浅，是习惯一和习惯二的具体实践。

习惯一告诉你："你是创造者，你掌控自己的人生。"这个习惯的基础是人类特有的四大天赋，即想象力、良知、独立意志以及最为重要的自我意识。这个习惯让你能够大声宣布："虽然这是我从小见惯了的事情，整个社会也都是这个样子，但是这根本就行不通，我不喜欢这种没有任何实际效果的解决方法，我能够改变它。”

习惯二是关于第一次的创造或者智力上的创造的习惯，其原则基础是想象力和良知这两大天赋。想象力是一种超前感知的能力，是对目前无法亲眼看到的潜力和创造力的认识；而良知则是发掘每个人身上独有特性的能力。良知在伦理道德方面担当对个体进行指导的责任。这个习惯同我们的基本思维方式和对自己的最高期望值、价值观密切相关。

习惯三是关于第二次的创造或者体力上的创造的习惯，是对前面两个习惯的实施、执行和自然流露。它要求我们运用独立意志努力实现一个目标，即以原则为基础安排人生。

对习惯三来说，前两个习惯是不可或缺的前提条件。但是仅仅有基础还远远不够，你还必须时刻都实施有效的自我管理，将习惯三付诸实践。

一旦确定了人生方向，你就应该对自己进行有效的管理，让生活与设想一致。有效的自我管理所涉及的大都是左脑所擅长的能力：分解、分析、排序，具体运用以及在规定时间内完成任务等。

独立意志：有效管理的先决条件

除了自我意识、想象力和良知之外，想要真正实现成功的自我管理，就必须发挥人类的第四大天赋——独立意志。独立意志指的是做出决定和主动选择，并根据这些决定和选择采取具体行动的能力。有了独立意志，我们就可以主动作为，而不是被动听命，而且在发挥其他三大天赋拟定出计划之后，就能够积极实施这些计划。

但是如果将这种天赋放在有效自我管理这个大环境中来看，我们就会知道，这种能力通常并不能产生戏剧性的即时效果，更不能单纯依靠自己的力量取得永久性的成功。我们要做的，就是平常做出每一个决定的时候合理地运用独立意志。

有效的管理指的就是要事第一，先做最重要的事情。领导者首先要决定的，就是哪些事情是重要的；而作为管理者，就是要将这些重要的事务优先安排。从这个意义上说，自我管理的实质就是自律和条理，是对计划的实施。

《成功的普遍共性》一文的作者格雷一直致力于研究所有成功人士身上普遍存在的共性。他发现成功的决定因素并非辛勤的工作、不凡的运气和良好的人际关系，而是另外一个更加重要的因素，那就是习惯三“要事第一”。格雷说：“成功者能为失败者所不能为，纵使并非心甘情愿，但为了理想与目标，仍可以凭毅力克服心理障碍。”

克服这种心理首先要有明确的目标和使命，要有习惯二中所明确的人生方向和价值观，内心要有燃烧的激情，让自己对所有其他不相关的事情大声说“不”。克服这种心理还需要有独立意志，愿为自己所不愿为之事，能够做到在特定时刻始终坚持自己的既定价值观，不屈服于一时的冲动和欲望。这种能力会让你成为一个诚信的人，让你忠实于自己积极的第一次的创造。

别让琐事牵着鼻子走

使用下面这张图可以详细阐释第四代时间管理方法的重点。从本质上看，我们对时间的使用方式不外乎以下四种。（见表5-1）

表5-1 时间管理矩阵

	紧迫	不紧迫
重要	I 危机 迫切问题 在限定时间内必须完成的任务	II 预防性措施 建立关系 明确新的发展机会 制定计划和休闲
不重要	III 接待访客、某些电话 某些信件、某些报告 某些会议 迫切需要解决的事务 公共活动	IV 琐碎忙碌的工作 某些信件 某些电话 消磨时间的活动 令人愉快的活动

这张表告诉我们，紧迫意味着必须立即处理，比如电话铃响了，哪怕你正忙得焦头烂额，也要放下手头工作去接听。一般说来，接电话总要优先于个人工作。

紧迫之事通常都显而易见，推拖不得，却不一定很重要。重要性与目标有关，凡有价值、有利于实现个人目标的就是要事。

在时间管理矩阵中，第一象限事务既紧迫又重要，需要立即处理，通常被称为“危机”或“问题”。对某些人来说，这类事务会消耗掉大部分的时间和精力，因为他们整天都在处理危机，应付各种紧迫任务。但是，如果你过分注重第一象限事务，那么它们的范围就会变得越来越大，最终占据你全部的时间和精力。

有些人每天都在应付各种各样的问题，疲于奔命，因此只能借助第四类既不重要也不紧迫的事务来逃避现实，稍微放松一下。在这些人的时间管理矩阵中，他们把90%的时间花在第一象限事务上，而余下的10%中的大部分则用在第四象限事务上，用在第二和第三象限事务上的时间则少而又少，几乎可以忽略不计。这就是大部分时间精力都用于处理危机的人所过的生活。

Ⅰ 结果： ● 压力大 ● 筋疲力尽 ● 被危机牵着鼻子走 ● 忙于收拾残局	Ⅱ
Ⅲ	Ⅳ

图5-1　偏重第一象限事务

还有一些人将大部分时间花在紧迫但并不重要的第三象限事务上，却自以为在致力于第一象限事务。他们整天忙于应付一些自认为十分重要的紧急事件，殊不知紧迫之事往往只是对别人很重要，对自己就不一定了。

有些人几乎将所有的时间都用在第三和第四象限事务上，可以说他们过的是一种不负责任的生活。

Ⅰ	Ⅱ
Ⅲ 结果： ● 急功近利 ● 被危机牵着鼻子走 ● 被视为巧言令色 ● 轻视目标和计划 ● 认为自己是受害者，缺乏自制力 ● 人际关系肤浅，甚至破裂	Ⅳ

图5-2　偏重第三象限事务

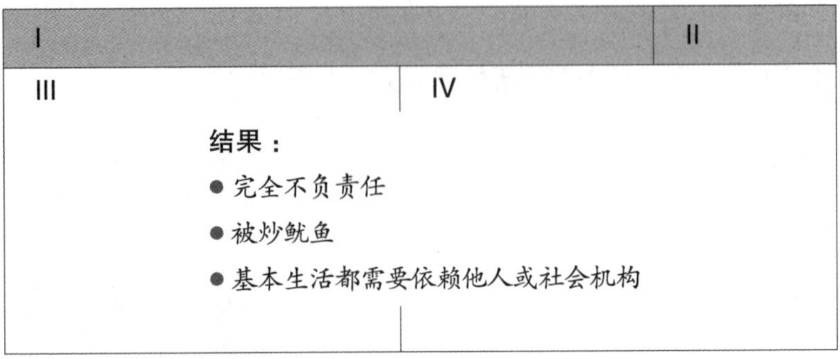

图5-3　偏重第三、四象限事务

高效能人士总是避免陷入第三和第四象限事务，因为不论是否紧迫，这些事情都是不重要的，他们还通过花费更多时间在第二象限事务上，以期减少第一象限事务的数量。

第二象限事务包括建立人际关系、撰写使命宣言、规划长期目标、防患于未然等等。人人都知道这些事很重要，却因尚未迫在眉睫，反而避重就轻。

按照彼得·德鲁克的观点，高效能人士的脑子里装的不是问题，而是机会。他们不会在各种各样的问题上浪费时间和精力，他们

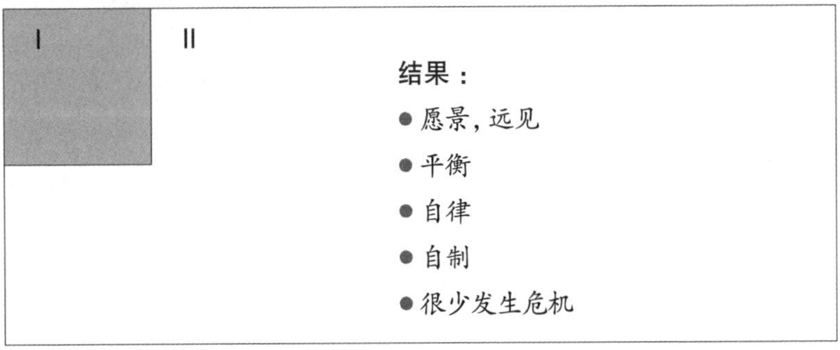

图5-4　偏重第二象限事务

的思维方式是预防型的，总是能够做到防患于未然。当然，他们也有真正意义上的危机和紧迫事件需要马上处理，但是这类事件的数量相对来说很少。他们能够平衡产出和产能的关系，将时间和精力集中在重要但是并不紧迫的事务上，即第二象限事务，完成这些活动能够提高个人的处事能力。

现在，回到本章开头的两个问题，请查看自己的答案属于上述哪一象限事务。依我推测，答案多半是第二象限。因为重要，才会使生活大为改观，却因为不够紧迫，所以受到忽略。但是只要我们立即着手进行，效能便会大为增进。

因此，不论大学生、生产线上的工人、家庭主妇，抑或企业负责人，只要能确定自己的第二象限事务，而且即知即行，一样可以事半功倍。在时间管理领域称之为帕雷托原则——以20%的活动取得80%的成果。

勇于说“不”

若要专注于要务，就得排除次要事务的牵绊，此时需要有说“不”的勇气。在紧急与重要之间，应该知道取舍。

我的训练课程十分强调分辨轻重缓急以及按部就班行事。我常问受训人员：你的缺点在于——

- 无法辨别事情重要与否？
- 无力或不愿有条不紊地行事？
- 缺乏坚持以上原则的自制力？

答案多半是缺乏自制力，我却不以为然。我认为，那是“确立目标”的功夫还不到家使然。而且不能由衷接受“事有轻重缓急”

的观念，自然就容易半途而废。

这种人十分普遍。他们能够掌握重点，也有足够的自制力，却不是以原则为生活中心，又缺少个人使命宣言。由于欠缺适当的指引，他们不知究竟所为为何。只有由至诚的信念与目标出发，才能够产生坚定说“不”的勇气。

第四代时间管理方法六标准

以第二象限事务为生活中心的时间管理方法只有一个目标，那就是有效地管理生活。这需要我们有完善的原则，对个人使命有明确的认识，能兼顾重要的和紧迫的事情，能平衡产出和产能的关系。

让第二象限事务成为生活中心的有效工具必须满足以下六个重要标准：

和谐一致 个人的理想与使命、角色与目标、工作重点与计划、欲望与自制之间，应和谐一致。

平衡功能 管理方法应有助于生活平衡发展，提醒我们扮演不同的角色，以免忽略了健康、家庭、个人发展等重要的人生层面。

围绕中心 理想的管理方法会鼓励并协助你，注重虽不紧迫却极重要的事。如此安排人生，秘诀在于不要就日程表订立优先顺序，应就事件本身的重要性来安排行事。

以人为本 个人管理的重点在人，不在事。行事固然要讲求效率，但以原则为中心的人更重视人际关系的得失。因此有效的个人管理偶尔须牺牲效率，迁就人的因素。

灵活变通 管理方法并非一成不变，视个人作风与需要而调整。

便于携带 管理工具必须便于携带，随时可供参考修正。

第二象限事务的活动是有效自我管理的核心内容，因此你需要一个有效的工具将生活中心转移到第二象限事务，我按照前述各项标准专门设计了一个工具以实现第四代时间管理的方法。当然，很多第三代时间管理的工具也不错，只要稍加修改就可以应用。原则都是相通的，但实际做法和具体运用却因人而异。

自我管理四步骤

虽然我的工作主要是教授高效率的原则性问题，一般不讲授具体的实施计划，但我认为，如果能够以原则为基础，以第二象限事务为生活中心，对一个星期内的事务进行具体安排，将有助于更好地理解第四代时间管理方法的原则及其巨大潜能。

以第二象限事务为中心的日程安排需要以下四项关键步骤：

确认角色　第一步就是要写出你自己的关键角色。作为一个个体，你有属于自己的各种角色。你可以先写下自己在家庭中的角色，然后再写下自己在工作中的角色，列举自己想要持续投入时间和精力去做的一些事情。

你不必想得太复杂，只要考虑自己下一周的角色和任务，记下这七天时间里需要专注的领域即可。

选择目标　第二步就是思考下一个周计划中每一任务栏下你最想做的一两件要事，作为你选定的目标（见图5-5）。

这些目标中一定要有几个第二象限事务，最好让这些短期目标与使命宣言中的长期目标相关联。即使你还没有撰写个人使命宣言，也可以根据自己的感觉来判断每个角色中哪些事情是比较重要的，并为每个角色确立一或两个目标。

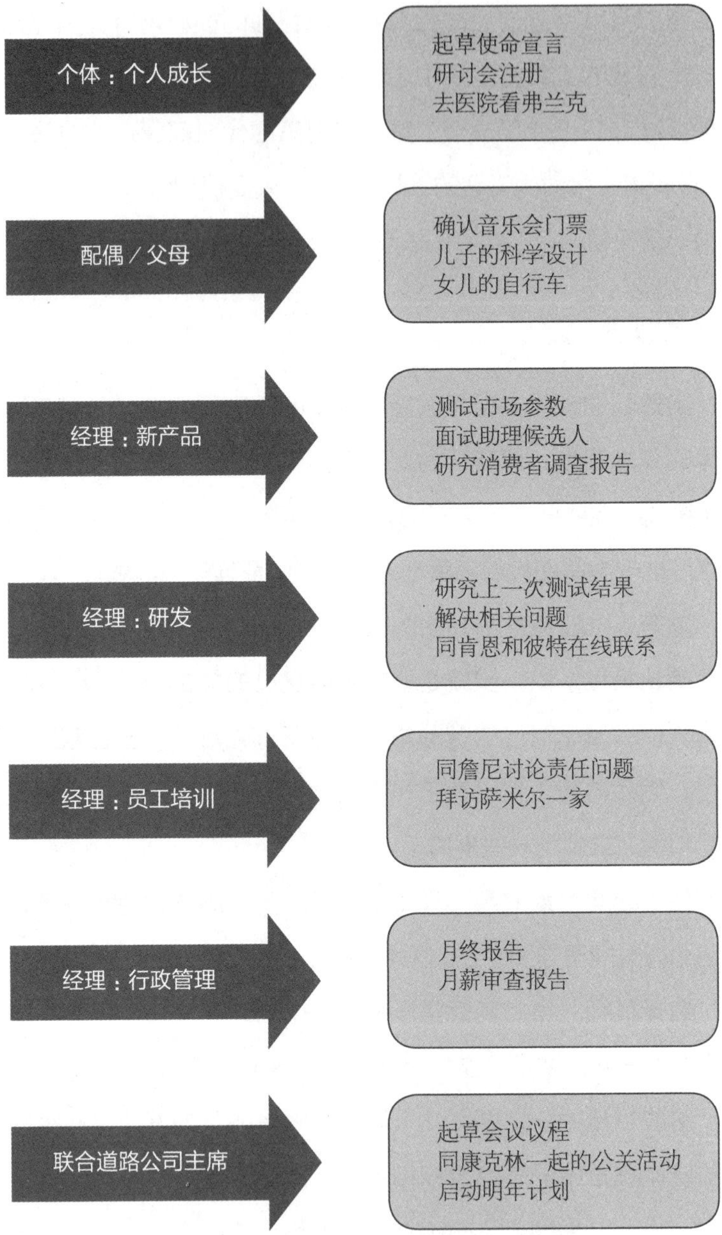

图5-5　周计划中19个重要目标

安排进度 第三步是为每一项目标安排具体的实施时间。如果你的目标是起草自己的个人使命宣言，那就不妨在星期天安排两个小时专门做这件事情。通常星期天是进行个人思考和制订个人成长计划的理想时间，因为这时候你有充足的时间思考、反省，寻求灵感，并根据各项原则和价值观来审视自己的生活。

确认角色并制定目标后，你就可以把每项任务分配到一个星期中某个具体的日子去做了。或者将它列为一项重要活动，或者列为一个特别约会。

每日调整 使用这种以第二象限事务为中心的周计划之后，你就会发现原来的每日计划变成了每日调整，即根据突发事件、人际关系的意外发展及崭新机会对每天的要务安排进行适当调整。

当你每天早晨审视自己一天的日程安排的时候，你会看到，由于内心的平衡，自己已经为角色和目标进行了合适的优先排序。这种日程安排是灵活的，是右脑运作的结果，是建立在自己对个人使命的认识的基础上的。

图5-6 规划长期目标

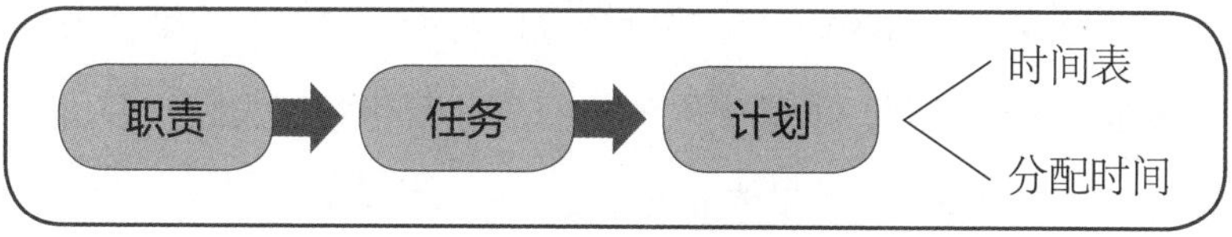

图5-7 规划每周目标

你也可以运用第三代时间管理方法中的A、B、C或者1、2、3来为每天的事务排序。在周计划的框架下，这种按重要性优先排序的方法可以让每天的事务安排有所侧重。

但是如果在为这些事务进行排序之前，不知道具体的事务同个人使命之间的关系，不清楚这些事务同人生各个领域的平衡之间的关系，那么优先排序只能是徒劳无益。

付诸实践

第三个习惯重在身体力行。就仿佛程序设计员设计出程序后，计算机必须加以执行。

顺从别人的意愿，完成他人眼中的要务，或无牵无挂地享受既不紧张又不重要的活动，岂不轻松愉快？至于执行自己依理性原则设计出的程序，则或多或少考验着自制力，此时就得靠诚心正意的修养功夫，坚定意志。

俗语说："天有不测风云，人有旦夕祸福。"事先安排妥当的行事表，必要时仍须有所变更。只要把握原则，任何调整都可以心安理得。

对人不可讲效率，对事才可如此。对人应讲效用，即某一行为是否有效。

为人父母者，尤其是母亲，常耗费所有的时间照顾小孩，以致一事无成，倍感挫折。但挫折多来自有所期望，而这期望反映的却是社会价值观，不是个人的价值观。若想要克服因社会价值观而产生的内疚感，可以依靠习惯二——以终为始。

第四代个人管理理论的特点，在于承认人比事更重要。而芸芸芸众生中，首要顾及的便是自己。它比第三代理论高明之处在于：强调以原则为中心，以良知为导向，针对个人独有的使命，帮助个人平衡发展生活中的不同角色，并且全盘规划日常生活。

第四代时间管理方法的优点

第四代时间管理方法做到了充分尊重这个原则。同时，这种方法还认识到，就效用而不是效率而言，你首先要考虑的人就是你自己。它鼓励你将时间用于第二象限事务，根据原则去认识你的生活，将你的生活建立在原则的基础上，明确表达出你的目标和价值观，并且用这些目标和价值观来指导自己的日常决定。

第四代自我管理的方法比之前的三代管理方法都要先进，这种先进性体现在以下五个重要的方面。

第一，它以原则为基础，切实地创造出一个核心模式，让你能够在一个更大的范围内分配自己的时间，看清楚什么是真正重要的和有效的。

第二，它接受你内心良知的指导。这种方法让你有机会更好地安排自己的生活，并且最大限度地同你既定的价值观保持一致。同时，它也给你自由和变通，让你在牺牲既定日程安排，服从更重要的价值观的时候心平气和，不必内疚。

第三，这种方法确认了你的个人使命，包括价值观和长期目标。这样你在度过每一天的时候都有明确的目标和方向。

第四，这种方法帮助你明确自己的角色，平衡自己生活中的各个方面。每个星期为每个关键角色确立要达到的目标，并做出具体的日程安排。

第五，这种方法以一个星期为单位计划生活，这让你拥有了更广阔的视野，不必局限于短暂的一天时间。通过审视自己的主要角色而让自己保持清醒，经常想到自己内心深处的价值观。

有一条主线贯穿这五个方面，那就是将人际关系和结果放在第一位，将时间放在第二位。

授权——高效能的秘诀

授权是提高效能的秘诀之一，可惜一般人多吝于授权，总觉得不如靠自己更省时省事。

其实把责任分配给其他成熟老练的员工，才有余力从事更高层次的活动。因此，授权代表成长，不仅是个人，也是团体的成长。已故著名企业家潘尼曾表示，他这一生中最明智的决定就是“放手”。在发现难以独自支撑大局之后，他毅然决然授权让别人去做，结果造就了无数商店、个人的成长与发展。

由此可见，授权也与公众领域的成功有关，这一点留待第六章加以讨论。此处专论授权与个人管理技巧的关系。

授权是事必躬亲与管理之间的最大分野。事必躬亲者凡事不假外求。不放心子女、宁可自己洗碗的父母，自绘蓝图的建筑师或自己打字的执行秘书，都属于这一类。

反之，管理者注重建立制度，然后汇集群力共同完成工作。比如分派子女洗碗的父母，领导一群设计人员的建筑师，或监督其他秘书与行政人员的执行秘书。

假定事必躬亲者花1小时可产生1单位的成果（见图5-8），那么管理者经由有效的授权，每投入1小时便可产生10倍、50倍，甚至100倍的成果，其中诀窍不过是将杠杆支点向右移而已（见图5-9）。

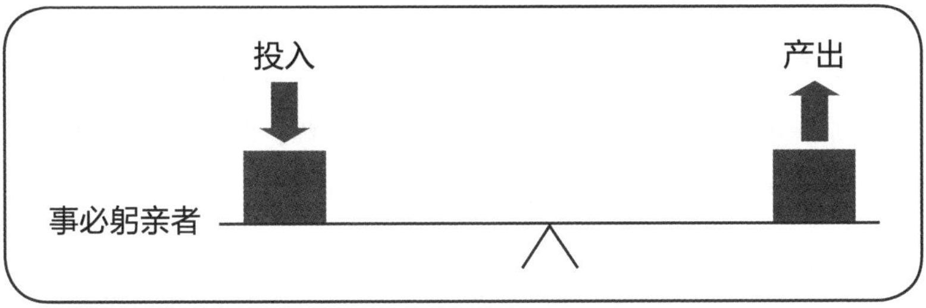

图5-8

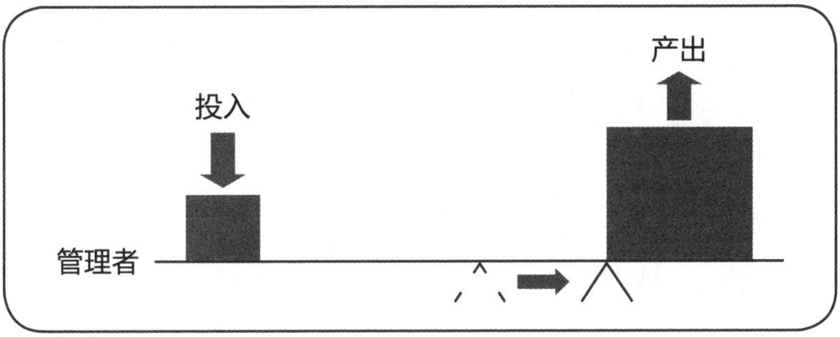

图5-9

授权基本上可以划分成两种类型：指令型授权和责任型授权。

指令型授权

指令型授权是让别人“去做这个，去做那个，做完告诉我”。大部分生产者都具有这种指令型授权的行为模式。还记得丛林中那些挥舞伐木刀的人吗？他们就是典型的生产者，挽起衣袖，然后手脚麻利地劳作。就算让他们去担任监督或者管理工作，他们仍然会沿用这种思维方式，什么事情都亲力亲为。他们不知道应该怎样充分授权，让别人负责完成原定的任务。因为他们的关注重点是方法，他们自己为最后的结果负责。

有一次，我们全家去滑水。擅长滑水的儿子由我驾船拖着滑行，我的妻子负责拍下他的精彩动作。起先我叮嘱她慎选镜头，因为底片所剩不多。后来发现她对相机性能不熟，就频频面授机宜：要等太阳落在船的前方，且儿子表现绝佳时再按快门。

可是越担心底片不够或妻子技术欠佳，我越无法放手任她拍。到最后，演变成我下口令，妻子才按快门。

这就是典型的指令型授权，就工作方法的每一步进行详细的指导。有不少人一直就是这么做的。可是这样做事情的实际效果如何呢？如果事无巨细全部都要一个人来做的话，世界上又有多少人能够做得到呢？

有一种方法比这好得多，也更加有效。这种方法的理论基础就是充分认可他人的自我意识、想象力、良知以及独立意志。

责任型授权

责任型授权的关注重点是最终的结果。它给人们自由，允许自行选择做事的具体方法，并为最终的结果负责。起初，这种授权方式费时又费力，但却十分值得。通过责任型授权，可将杠杆的支点向右移动，提高杠杆的作用。

这种授权类型要求双方就以下五个方面达成清晰、坦诚的共识，并做出承诺。

预期成果　双方都要明确并且完全理解最终想要的结果。要以“结果”，而不是以“方法”为中心。要投入时间，耐心、详细地描述最终的结果，明确具体的日程安排及截止期限。

指导方针　确认适用的评估标准，避免成为指令型授权，但是一定要有明确的限制性规定。不加约束的放任，其最终结果只能是扼杀人们的能动性，让人们回到初级的指令型要求上：“告诉我你想要我做什么，我照做就是了。”

可用资源　告诉他们可以使用哪些人力、财务、技术或者组织资源来取得所预期的成果。

责任归属　制定业绩标准，并用这些标准来评估他们的成果。制订具体的时间表，说明何时提交业绩报告，何时进行评估。

明确奖惩　明确地告诉他们评估可能导致的结果——好的和不好的——包括财物奖励、精神奖励、职务调整以及该项工作对其所在组织使命的影响。

信任是促使人进步的最大动力，因为信任能够让人们表现出自己最好的一面。但这需要时间和耐心，而且还有可能需要对人员进行必要的培训，让他们拥有符合这种信任水平的能力。

我坚信，只要方法得当，这种责任型授权绝对能够让双方都受益，并且最终能够使善于分配工作的人用很少的时间做成很多事情。

比起孩子来，你当然更有能力迅速把一间房子收拾得干净整齐，但是问题的关键是你想要授权孩子做这件事情。这就需要时间。你需要花时间和精力对孩子进行培训，而你最终会发现这样做是绝对值得的。

这是一种关于授权的全新思维方式，它改变了人际关系的性质：因为分得工作的人成为自己的老板，受自己内心良知的指引，努力兑现自己的诺言，达到既定的目标。同时，这种方法还能释放其创造能力，激励他在正确原则的基础上尽一切可能达到既定的目标。

授权的大原则不变，权限却因人而异。对不够成熟的人，目标不必订得太高，指示要详尽，并且充分提供资源；监督考核则较频繁，奖惩也更直接。对成熟的人，可分配挑战性高的任务，精简指示，减少监督考核的次数，考评标准则较为抽象。

成功的授权也许是有效管理的最好体现，因为不管是对个人还是对组织，有效授权都是发展成长的最基本因素。

以要事为中心的思维方式

有效的自我管理以及通过授权对他人进行有效的管理，其中的关键并不是技巧、工具或其他外在因素。这种有效管理的中心是内在的，是以第二象限事务为中心的思维方式，让你能从重要性而不是紧迫性来观察一切事务。

我在附录一中设计了一个练习，题目是“第四代时间管理——办公室的一天”。你可以通过这个练习切身体会到这种思维方式对商业环境下办事效率的巨大影响。

如果能够建立以第二象限事务为中心的思维方式，就能提高安排生活的能力，能够真正做到要事为先，言出必行。从此，就可以有效管理自己的生活，不必再求助于其他任何人或任何事情。

有一个很有趣的现象就是，我列出来的高效能人士的七个习惯全都属于第二象限事务的活动，每一个习惯都针对一些最基本、最重要的事情。如果你能够将这些习惯应用到日常实践中的话，我们的生活将会发生翻天覆地的变化。

行动建议

1. 列出一项你忽略的第二象限事务，如果它有效达成会使你在生活或工作中产生重要影响吗？写出来并加以实施。

____

____

____

2. 列出时间规划表，估算你花在每个象限的大概时间。然后大约花十五分钟把你三天内的活动记录下来。你的估算有多准确？你满意自己使用时间的方式吗？你需要改变什么？

____

____

____

3. 列一张责任清单，确定哪些你要承担，哪些你能交付别人，或者训练他们在相关领域的能力。确定一下需要完成哪些具体工作。

____

____

____

4. 规划下周计划。写下你的角色和目标，然后转化为特定的行动计划。在周末，预先思考一下怎样在日常生活中实行该计划，以及如果你坚持自己的价值观和目标，生活会有怎样的完整程度。

5. 以周为单位规划生活，并设置固定时间去完成。

6. 使用第四代时间管理方法制定计划，或者寻找类似工具。

7. 仔细浏览附录一，加深对于第二象限思维的理解。

The 7 HABITS of Highly Effective People

第三部分

公众领域的成功：从独立到互赖

PUBLIC VICTORY

PART THREE

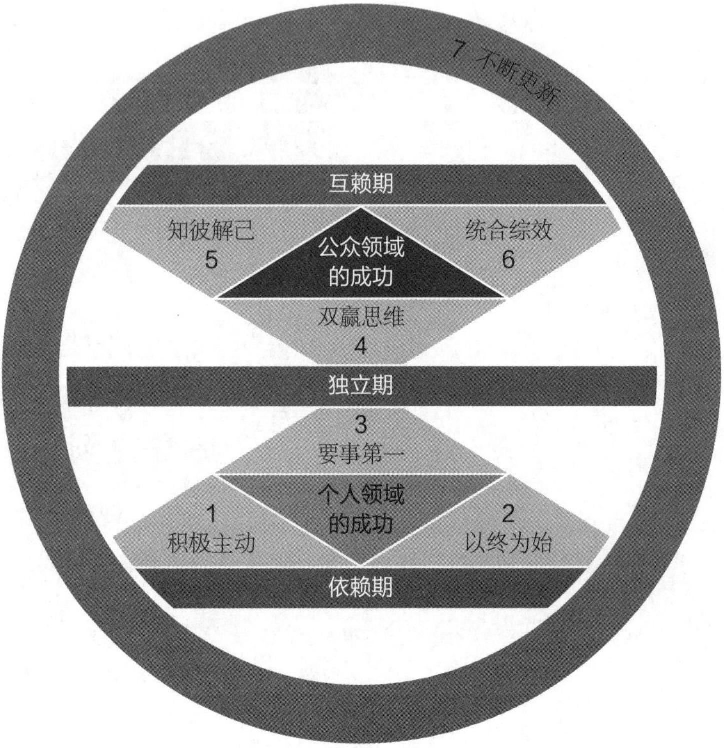
7 不断更新
互赖期
知彼解己
5
公众领域
的成功
统合综效
6
双赢思维
4
独立期
3
要事第一
个人领域
的成功
1
积极主动
2
以终为始
依赖期

7

第六章

人际关系的本质

所谓情感账户，储存的是增进人际关系不可或缺的“信任”，也就是他人与你相处时的一份“安全感”。

能够增加情感账户存款的，是礼貌、诚实、仁慈与信用。

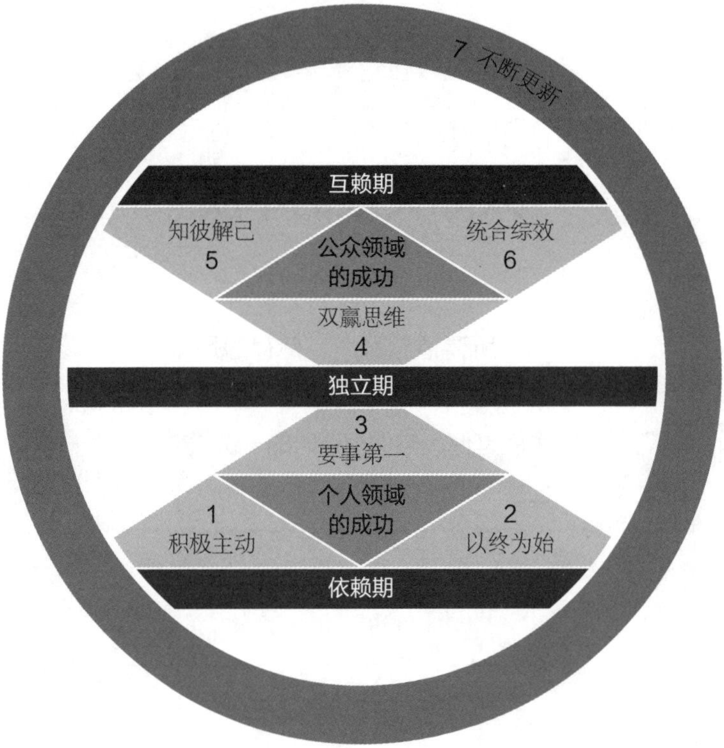
7 不断更新
互赖期
知彼解己
5
公众领域
的成功
统合综效
6
双赢思维
4
独立期
3
要事第一
个人领域
的成功
1
积极主动
2
以终为始
依赖期

没有信任就谈不上友谊，没有诚实也就谈不上信任。

——塞缪尔·约翰逊
（Samuel Johnson）
英国辞典编纂家兼作家

个人独立不代表真正的成功，圆满人生还须追求公众领域的成功。不过，群体的互赖关系须以个人真正的独立为先决条件，想要抄近路是办不到的。

这是一个很重要的观念——良好人际关系的基础是自制与自知之明。有人说，爱人之前，必须先爱自己。此言果然不虚，但是我更强调人贵知己。了解自我才懂得分寸，也才能真正爱护自己。

所以说，独立是互赖的基础。缺乏独立人格，却一味玩弄人际关系的技巧，纵使得逞于一时，也不过是运气罢了。处顺境之中，还可任你为所欲为，但天有不测风云，一旦面临逆境，技巧便不可靠了。

由此可见，修身是公众领域成功的基础。完成修身的功夫后，再向前看，面前又是一片崭新的领域。良好的互赖关系可以使人享有深厚丰富的情感交流，不断跃进的成长以及为社会服务奉献的机会。

不过，这也是最容易带来痛苦与挫折的领域，横亘在眼前的障碍纷至沓来，令人疲于应付。若个人生活有缺失，比如浑浑噩噩、漫无目的，则只会在偶尔受到刺激时，于心难安，想要有所振作，但很快就习以为常、视若无睹了。

这里，再借用鹅生金蛋的比喻来说明。鹅——良好的互赖关系，会生出完美的金蛋——团队合作、开诚布公、积极互动以及高效能。为使鹅能够不断生出金蛋，就得悉心呵护，习惯四、五、六即着眼于此。下面我们再以“情感账户”作比，解析人际关系中产出与产能平衡的原理。

情感账户

我们都知道银行账户就是把钱存进去，作为储蓄，以备不时之需。情感账户里储蓄的是人际关系中不可或缺的信任，是人与人相处时的那份安全感。

能够增加情感账户存款的，是礼貌、诚实、仁慈与信用。这使别人对我更加信赖，必要时能发挥相当的作用，甚至犯了错也可用这笔储蓄来弥补。信赖可带来轻松、坦诚且有效的沟通。

反之，粗鲁、轻蔑、威逼与失信等等，会减低情感账户的余额，到最后甚至透支。

如果没有追加的储蓄来维持较高的信用度，婚姻关系就会恶化。好一点的同床异梦，勉强生活在同一屋檐下，各自为政。差一点的则恶言相向、大打出手，甚至劳燕分飞。

越是持久的关系，越需要不断的储蓄。由于彼此都有所期待，原有的信赖很容易枯竭。经常接触的人必须时时投资，否则突然间发生透支，会令人措手不及。

这种情形在青春期子女身上尤其明显。如果亲子交谈的内容不外乎“该打扫房间啦，扣好衬衫的扣子，用功读书，把收音机音量开小一点”等等，情感账户很快就会透支。

于是，当你的儿子面临人生重大抉择的时候，他不会敞开心扉接受你的建议，因为你在他那里的信用度太低，你们之间的交流是封闭的、机械式的。

设想一下，如果你开始存钱到情感账户里，结果会怎样？对他好一点的机会其实很多，比如看到他对滑板运动感兴趣，就买一本相关的杂志带回家给他，或者在他做事的时候，走过去问问他是否需要帮助，还可以带他出去看电影或吃冰激凌。又或许最重要、最有效的投入只是听他说说话，不要随便插言，妄加判断，不要老说自己过去如何如何，只是单纯地聆听，试着理解他，让他知道你在乎他，并且尊重他。

建立和维护关系都需要时间。保持耐心很难，不但需要积极的态度，还要对影响圈有所关注，要循序渐进，切忌不切实际。

事实上，在这方面速战速决的方法根本就不存在，建立并维持人际关系是一种长期的投资行为。

七种主要的投资方式

这里推荐情感账户的七种主要的投资方式。

理解他人

理解他人是一切感情的基础。人如其面，各有所好，只有了解并真心接纳对方，才可以增进彼此的关系。比如6岁的孩子趁你正忙的时候，为一件小事来烦你。在你看来此事或许微不足道，但在他稚嫩的心灵中，却是天下第一要事。此时就得借助于习惯二，来认同旁人的观念与价值观；运用习惯三，以对方的需要为优先考虑而加以配合。

黄金定律说：想要别人怎样待你，就要怎样待人。其内涵就在于，如果你希望别人了解你的实际需要，首先要了解他们每一个人的实际需要，然后据此给予帮助和支持。正如一个成功养育了几个孩子的家长所言："区别对待他们，才是平等的爱。"

注意小节

一些看似无关紧要的小节，如忽视礼貌、不经意的失言，最能消耗情感账户的存款。在人际关系中，最重要的正是这些小事。

有些事无论在当时还是现在，对我们来说都是深刻的教训。人的内心都是极其柔弱和敏感的，不分年龄和资历。哪怕是在最坚强和冷漠的外表下，也往往隐藏着一颗脆弱的心。

信守承诺

守信是一大笔储蓄，背信则是庞大支出，代价往往超出其他任何过失。一次严重的失信使人信誉扫地，再难建立起良好的互赖关系。

我相信一旦你养成了信守诺言的习惯，就等于在与孩子的代沟上搭建了一座桥梁。当他想做某件你并不赞同的事情时，你可以对他说："孩子，如果这样做，我保证结果会是这个样子。"如果他习惯于相信你的话和承诺，就会听从劝告。

明确期望

几乎所有的人际关系障碍都源于对角色和目标的期望不明或

者意见不一致。我们需要明确应该由谁来完成什么样的工作，期望不明会导致误会、失望和信用度的降低。

如果没有明确的期望，人们就会变得感情用事，原本简单的小误会也会变得很复杂，原本很小的事情也会导致严重的冲突和人身攻击，最终不欢而散。

正确的做法是一开始就提出明确的期望，让相关的每一个人都了解。要做到这一点需要投入很多的时间和精力，不过事实会向你证明，这样做会省去你将来更多的麻烦和周折。

正直诚信

正直诚信能够产生信任，也是其他感情投资的基础。而体现这种品格的最好方法就是避免背后攻击他人。如果能对不在场的人保持尊重，在场的人也会尊重你。当你维护不在场的人的时候，在场的人也会对你报以信任。

缺乏诚信会让所有的感情投资都大打折扣。如果一个人当面一套，背后一套，那么就算他能够理解他人，注意细节，信守诺言，明确并满足他人期望，仍然无法积累信誉。

在相互依赖的环境中，诚信就是平等对待所有人。这样，人们就会慢慢信任你。纵使起初并非人人都能接受这种作风，因为在人后闲言碎语是人的通病，不同流合污，反而显得格格不入。好在路遥知马力，日久见人心，诚恳坦荡终会赢得信任。

诚信还意味着不欺骗，不使诈和不冒犯。“谎言”的定义是“存心欺骗别人的话”。所以，要保持诚信，无论语言还是行动都不能心存欺骗。

勇于致歉

当我们从情感账户上提款时，要向对方诚心致歉，那会帮助我们增加存款。

这种勇气并非人人具备，只有坚定自持、深具安全感的人能够做到。缺乏自信的人唯恐道歉会显得软弱，让自己受伤害，使别人得寸进尺。因此还不如把过错归咎于人，反而更容易些。

真诚的道歉是一种感情投资，但是一再道歉就显得不真诚，会消耗你的情感账户，最终会通过人际关系的质量反映出来。一般来说人们可以容忍错误，因为错误通常是无心之过。但动机不良，或企图文过饰非，就不会获得宽恕。

无条件的爱

无条件的爱可以给人安全感与自信心，鼓励个人肯定自我，追求成长。由于不附带任何条件，没有任何牵绊，被爱者得以用自己的方式，检验人生种种美好的境界。不过，无条件的付出并不代表软弱。我们依然有原则、有限度、有是非观念，只是无损于爱心。

有条件的爱，往往会引起被爱者的反抗心理，为证明自己的独立，不惜为反对而反对。有条件的爱反映出爱人者不成熟的心理，表示其仍受制于对方。

一对一的人际关系

联合国前秘书长哈马舍尔德曾说过一句发人深省的名言：为一个人完全奉献自己，胜过为拯救全世界而拼命。

我认为此话的含义是，一个人即便在“外务”上多么了不起，却也不见得能与妻子儿女或同事相处融洽。因为为群体服务，远不及建立私人关系需要更多人格修养。

最高领导阶层不和的现象在各种组织中都十分常见，纵使事业做得再大，却解决不了切身问题。可见人际关系越亲密，越是维护不易。

一对一的关系是人生最基本的要素，有赖高尚的人格来维系，只有宏观管理的技巧是不够的。

问题的反面是契机

我和我的得力助手截然不同的管理风格，曾令我所在的公司无所适从，但我们终于承认了问题的存在。经过了数次沟通，把问题摊在桌面上讨论，并一一加以解决，事后我们反而成了知己，合作无间。

这次经验也让我学得另一个重要观念，即面对问题的态度。为了逃避问题，避免冲突，我蹉跎了不下数月。事实却证明，问题反而是促进和谐的契机。

因此，我认为在互赖关系中，问题就代表机会——增加情感账户存款的机会。

如果父母能把孩子身上出现的问题看作联络感情的机会，而不是麻烦和负担，那么两代人之间的关系就会大大改善，父母会更愿意，甚至是迫切地理解并帮助孩子。当孩子带着问题来求助时，父母不会大呼“天啊，又怎么了！”而是想：“瞧，我又有机会帮助孩子了，我们的关系会更进一步。”于是交流成了促进感情的工具，而不是简单的敷衍。当孩子感觉受重视的时候，亲子之间就建起了一座爱与信任的坚实桥梁。

同样的模式在商业领域也有重要作用。有一个连锁百货商店，只要顾客为了问题而来，不论大小，商店员工都视之为同客户建立关系的良机，会积极而热情地寻求解决途径，直到顾客满意。他们礼貌而周到的服务让顾客将这个商店当作他们的首选。

在相互依赖的环境里，如果认识到产出/产能平衡是效能的要素，我们就可以把问题看作是提高产能的机会。

相互依赖的习惯

牢记情感账户这个概念，我们就可以开始探讨获得公众领域的成功，即与他人合作顺利所必需的习惯，我们会看到这些习惯怎样让相互依赖变得有效，而其他想法和行为对我们又会有怎样的影响。

此外，我们还将深入了解为什么只有真正独立的人才能够做到有效地相互依赖。时下流行的关注个人魅力而非品德的“双赢谈判技巧”、“反应式倾听”或“创新式解决问题”等技巧对于获得公众领域的成功并无益处。

现在还是逐一地深入探讨有助于获得公众领域成功的习惯吧。

7

第七章

习惯四　双赢思维
——人际领导的原则

• • •

双赢者把生活看作一个合作的舞台，而不是一个角斗场。一般人看事情多非此即彼，非强即弱，非胜即败。其实世界之大，人人都有足够的立足空间，他人之得不必视为自己之失。

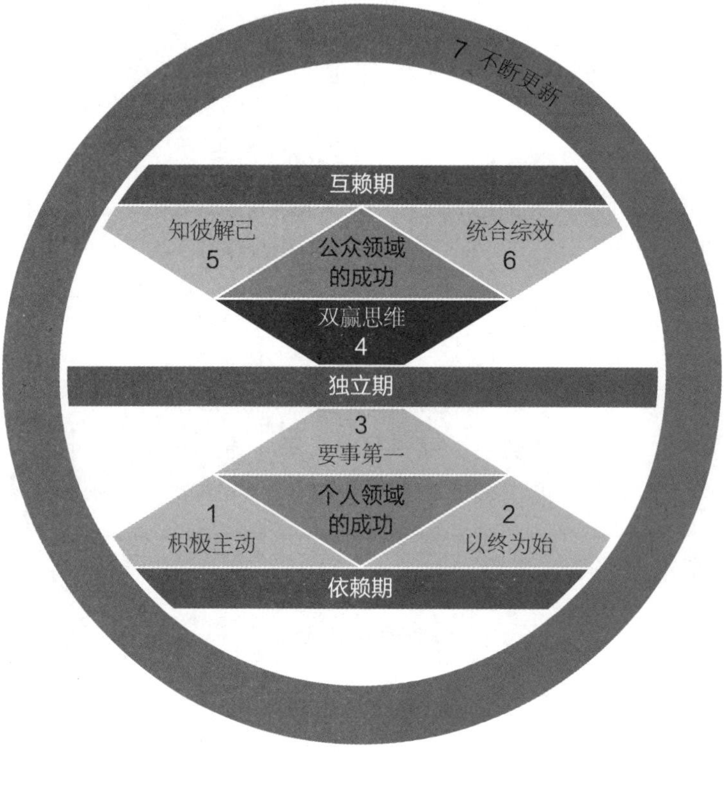
7 不断更新
互赖期
知彼解己
5
公众领域
的成功
统合综效
6
双赢思维
4
独立期
3
要事第一
个人领域
的成功
1
积极主动
2
以终为始
依赖期

金科玉律已深植我们的脑海，
现在则是奉行不渝的时刻。

——埃德温·马卡姆
（Edwin Markham）
美国诗人

有一次，我应邀去一家公司，解决员工们缺乏合作精神的问题。

总裁说：“问题的关键就是他们都太自私，不愿意合作，否则效率会大大提高。你能不能制订一个解决方案？”

我发现，员工的确自私，抗拒合作，抵制命令，沟通保守，情感账户的巨额支出已经造成了信任缺失的企业文化。

我提醒总裁：“员工为什么不愿意合作？难道不合作会被奖励吗？”

“当然不会，”他肯定地说，“相反，我们奖励合作。”

他指着办公室墙上一幅赛马图，每个跑道上的赛马代表一位经理，跑道终点的奖品是风光明媚的百慕大群岛之旅。每星期他都会召集全体经理，一边训示合作的重要性，一边却以百慕大之旅作饵。换句话说，总裁口头上高唱互助合作，实际上鼓励彼此竞争，因为胜利者只有一名。

归根结底，这家公司的问题在于它的模式有误，这在很多商业、家庭和其他关系中十分常见。上文这位总裁想用竞争模式实现合作，却发现这并不奏效，于是寄希望于一些技巧、计划或者措施。

结果是治标不治本，只关注态度和行为无异于隔靴搔痒，关键是要建立一种能突出合作价值的信息和奖励机制，激励个人和部门创造佳绩。

不论你是总裁还是门卫，只要已经从独立自主过渡到相互依赖的阶段，你就开始扮演领导角色，影响着其他人，而有助于实现有效的人际领导的习惯就是双赢思维。

人际交往的六种模式

双赢不是什么技巧，而是人际交往的哲学，是六个交往模式之一，这六个模式分别是：

- 利人利己（双赢）
- 损人利己（赢/输）
- 舍己为人（输/赢）
- 两败俱伤（输/输）
- 独善其身（赢）
- 好聚好散（无交易）

利人利己（双赢）

这种模式会促使人不断地在所有的人际交往中寻求双边利益。双赢就是双方有福同享，皆大欢喜，这种结果会让所有人都愿意接受决定，完成计划。双赢者把生活看作合作的舞台，而不是竞技场。但是大多数人都用非此即彼的方法看问题，非强即弱，不胜则败。实际上这种想法是站不住脚的，它以力量和地位，而非原则为准绳。其实世界之大，人人都有足够的立足空间，他人之得不必就视为自己之失。

损人利己（赢/输）

损人利己是和双赢相对的另外一种模式，秉持这种信念的人习惯于利用地位、权势、财力、特权或个性来达到目的。

大多数人从小就被这种模式浸染。在家里，大人总是喜欢把孩子进行比较，好孩子会得到更多的爱、理解和耐心。同龄人之间也是如此，有时完全根据自己的期望和标准来选择接受还是拒绝一个人，这就让赢/输模式更加根深蒂固。学校是赢/输模式的另一个温床，一个人的价值是通过与他人比较才得以实现的，学校的等级制度只强调竞争和比较，完全忽视学生的潜能和天赋。运动比赛同样强化竞争的观念，提醒观众与选手，人生同样是一场竞争和游戏，必须分出胜负，而且唯有击败别人才能成就自己。

诚然，在竞争激烈和信任薄弱的环境里，我们需要赢/输模式。但是竞争在生活中只居少数，我们不需要每天都和配偶、孩子、同事、邻居、朋友竞争。现实生活需要相互依赖，而不是单枪匹马，你的很多梦想都需要通过与他人合作才能实现，而赢/输模式是这种合作的最大障碍。

舍己为人（输/赢）

有些人则正好相反，他们信奉输/赢模式。他们喜欢放低自己来取悦他人，喜欢满足他人的希望，别人的认同和接受能够给他们力量。

在谈判时，他们常常不是放弃就是退让，如果成为领导，也对属下极端纵容。输/赢模式意味着做老好人，然而“好人不长命”。

输/赢模式颇受赢/输模式欢迎，因为前者是后者的生存基础，前者的弱点恰好是后者的优势和力量来源。

若是一味压抑，不能把愤怒情绪加以升华，自我评价将日趋低落。到最后依然会危及人际关系，使原先委曲求全的苦心付诸流水，得不偿失。

赢/输和输/赢模式都存在人格缺陷。短期来看，赢/输模式的人较有效率，因为他们通常在能力和智力方面高人一筹，而输/赢模式自始至终都居于劣势。

两败俱伤（输/输）

两个损人利己的人交往，由于双方都固执己见，以自我为中心，最后一定是两败俱伤，因为他们都不服输，都想报复，扳回局面，但其实谋杀等于自杀，报复是一把双刃剑。

我认识一对夫妻，离婚时法官要求丈夫将出售资产所得的一半分给妻子，结果他把一辆价值一万美元的汽车以五十美元出售，然后分给妻子二十五美元。妻子提出抗议后，法院发现，丈夫将所有财产都廉价出售了。

为了报复，不惜牺牲自身的利益，却不问是否值得；只有不够成熟、掌握不了人生方向的人，才会这样。

独善其身（赢）

另一种常见的模式就是独善其身，别人输不输都无所谓，重要的是自己一定要得偿所愿。

当竞争和对抗意义不大的时候，独善其身的模式是多数人的处事方法，他们只在意自己的利益无损，别人的就留给他们自己去保护吧。

哪一种最好

如果赢要以过多的时间和精力为代价，以至于得不偿失，那么还是“退一步海阔天空”的好。

但是，最好的选择必须依情况而定，关键是认清形势，不要教条地把某一种模式应用于每一种情况。

实际上，多数情况都只是相互依赖的大环境的一部分，于是只有双赢模式才是唯一可行的。长远来看，不是双赢，就一定是两败俱伤，所以我们才说，只有双赢才是在相互依赖的环境中唯一可行的交往模式。

不能双赢就好聚好散

如果实在无法达成共识，实现双赢，就不如好聚好散。也就是说，如果不能利益共享，那就放弃交易。道不同，不相为谋，我们之间没有期望，没有雇佣和合作关系，要比明确期望后再让对方希望破灭好得多。

心中留有退路，顿觉轻松无比，坦诚相见，更有助于发掘及解决问题。即使买卖不成，仁义尚在，或许日后还有合作的机会。

在相互依赖的环境里，任何非双赢的解决方案都不是最好的，因为它们终将对长远的关系产生这样那样的不利影响，你必须慎重对待这些影响的代价。如果你无法同对方达成双赢的协议，那么最好选择放弃。

为了维系关系，人们有时要不停地妥协让步，嘴上说的是双赢，脑子里想的却是赢/输或者输/赢，这会引发很多问题。经验表明，在家族式或者建立在友谊基础上的生意启动之前，最好先就“不能双赢就好聚好散”这一点达成协议，这样事业的繁荣才不会导致关系的破裂。

当然，有时候这个模式并不适用，比如我永远都不会放弃我的孩子和妻子。但多数情况下，还是可以用“不能双赢就好聚好散”的模式协商的，因为这一模式意味着宝贵的自由。

双赢思维的五个要领

双赢可使双方互相学习、互相影响及共谋其利。要达到互利的境界必须具备足够的勇气及与人为善的胸襟，尤其与损人利己者相处更得这样。培养这方面的修养，少不了过人的见地、积极主动的精神，并且以安全感、人生方向、智慧与力量作为基础。

双赢的原则是所有人际交往的基础，包括五个独立的方面：“双赢品德”是基础，接着建立起“双赢关系”，由此衍生出“双赢协议”，需要“双赢体系（结构）”作为培育环境，通过“双赢过程”来完成，因为我们不能用赢/输或输/赢的手段达到双赢的目的。

图7–1说明了这五个方面是如何相互关联的：

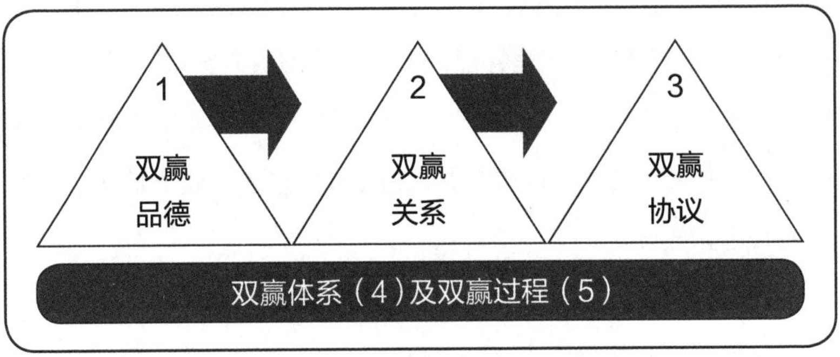

图7–1　双赢思维的五个要领

现在，我们来依次研究这五个方面。

双赢品德

双赢品德有三个基本特征。

诚信　我们将诚信定义为自己的价值观。习惯一、二、三教育我们养成并保持诚信的品德。如果我们在日常生活中有明确的价值观，能积极主动地以此为核心安排活动，信守承诺，就能够逐渐培养起自我意识和独立意志。

如果我们不了解“赢”的真正含义及其与我们内心价值观的一致性，那么就不可能做到“赢”。没有了诚信这一基础，双赢不过是一种无效的表面功夫。

成熟　这是敢作敢为与善解人意之间的一种平衡状态。“成熟就是在表达自己的情感和信念的同时又能体谅他人的想法和感受的能力。”这是赫兰德·萨克森年教授多年研究得出的结论。

这种能力是人际交往、管理和领导能力的精髓，是产出/产能平衡的深度表现。双赢模式要求你不但要温和，还要勇敢，不但要善解人意，还要自信，不但要体贴敏感，还要勇敢无畏。做到这些，在敢作敢为与善解人意之间找到平衡点，才是真正的成熟，这是双赢的基础。

如果我勇气十足，却不懂体谅他人，我的交往模式就是赢/输——我强硬而自私，勇于坚持自己的信念，却漠视旁人。

如果我的内心不够成熟，情感有些脆弱，为了弥补这些不足，我可能要借助地位、势力、证书、资历和关系来获取力量。

如果我的体贴有余，而勇气不足，我的交往模式就是输/赢。我事事以你的想法和愿望为先，却羞于表达和实现自己的想法与愿望。

敢作敢为和善解人意是双赢的必备条件，其间的平衡点是成熟的重要标志。如果我足够成熟，我就会乐于聆听，善于沟通并

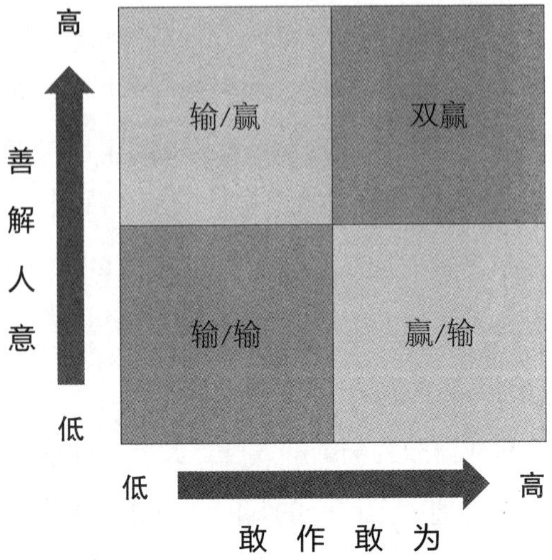

图7-2　不同人际观的成熟度

勇于面对。

知足　即相信资源充足，人人有份。

一般人都会担心资源有所匮乏，认为世界如同一块大饼，假如别人多抢走一块，自己就会吃亏，人生仿佛一场竞争和游戏。

抱持这种心态的人，甚至希望与自己有利害关系的人小灾小祸不断，从而无法安心竞争。他们时时不忘与人比较，认定别人的成功等于自己的失败。纵使表面上虚情假意地赞许，内心却妒恨不已，唯独占有能够使他们肯定自己。

相形之下，富足的心态源自厚实的个人价值观与安全感。由于相信世间有足够的资源，人人得以分享，因此不怕与人共名声、共财势，从而开启无限的可能性，充分发挥创造力，并提供宽广的选择空间。

公众领域成功的意思不是压倒旁人，而是通过成功的有效交往让所有参与者获利，大家一起工作，一起探讨，一起实现单枪匹马无法完成的理想，这种成功要以知足心态为基础。

赢/输模式的人想要做到双赢，最好找到一个双赢模式的榜样或者顾问。因此，我建议大家多读一些文学作品，如埃及前总统安瓦尔·萨达特的传记《寻找自己》，多看励志影片，如《烈火战车》和《悲惨世界》。

当你超越环境、态度和行为，将触角探伸至自己的内心，会发现双赢和所有其他正确原则一样，本就深植于我们的生活中。

双赢关系

以双赢品德为基础，我们才能建立和维护双赢关系。双赢的精髓就是信用，即情感账户。没有信用，我们最多只能妥协，无法开诚布公，彼此学习，互相交流和发挥创造性。

因为我们彼此信任，所以才能坦诚相待，不管看法是否一致。不论哪一方阐述什么样的观点，另一方都会洗耳恭听，力求知己知彼后共同寻找第三条道路，这种协作的解决办法让彼此都受益。

充足的情感账户储蓄和对双赢模式的共识是产生统合综效（习惯六）的理想途径。这种关系不会让问题虚化或者弱化，也不会让意见上的分歧消失，但能够除去那些分散精力的消极因素，从而为实现双赢创造出有利于理解和解决问题的积极合作氛围。

和赢/输模式的人打交道是对双赢的最大考验。一般来说，同赢/输模式的人打交道，关系很重要。你要以影响圈为核心，通过以礼相待，尊重和欣赏对方及其不同观点来进行感情投资。这样你们的交往就得以维持，你有更多的机会聆听和深入了解对方，同时也更勇于表达自己，而不再是被动的，你的潜力和积极性会被激发出来。你的努力最终将让对方相信你希望实现真正的双赢，而交往过程本身就是很棒的投资。

你对双赢的态度越坚持，越真诚，越积极，越投入，你对他人的影响力就越大。这是对人际领导能力的真正考验，它超越了交易式领导的范畴，升华至转换式领导的层面，后者能让个人和关系发生转变。

正因为双赢是能被人们在自己的生活中验证的原则，所以你应该帮助更多人认识到，为双方谋福利会让自己得到更多。不过沉溺于赢/输模式，拒绝双赢的人尚且存在，这时候请记住，好聚好散也是一种选择，有时也可以选择双赢的较低级形式——妥协。

并非所有决定都一定要以双赢为目的，即便是情感账户储蓄充足，认识这一点也很重要。

没有双赢人格和双赢关系作为后盾，书面协议就形同虚设。只有真诚的感情投资，才能助力实现双赢。

双赢协议

关系确立之后，就需要有协议来说明双赢的定义和方向，这种协议有时被称为“绩效协议”或“合作协议”，它让纵向交往转为水平交往，从属关系转为合作关系，上级监督转为自我监督。

这类协议在相互依赖的交往中应用相当广泛。我们列举的五个基本要素适用于所有相互依赖的合作关系，如雇主与雇员、个人与个人、团体与团体、企业与供应商。这些要素帮助人们有效地明确并协调彼此的期望。

在双赢协议中，对以下五要素应该有明确的规定：

预期结果：确认目标和时限，方法不计。

指导方针：确认实现目标的原则、方针和行为限度。

可用资源：包括人力、财力、技术或者组织资源。

任务考核：建立业绩评估标准和时间。

奖惩制度：根据任务考核确定奖惩的意义。

这五个要素赋予双赢协议重要意义，对此的理解和认可使人们在衡量自己业绩的时候有据可依。

传统权威型监督以赢/输为模式，是情感账户透支的结果。正因为对预期结果缺乏信任和共识，才不得不一遍遍地检查和指示，没有信任，就想对下属时时操控。

如果信任存在，你会怎样做呢？对他们放手，只要事先制订双赢协议，让他们知道你的期望，接下来扮演好协助与考核的角色就好。

自我评估更能激人上进。在高度信任的文化氛围里，自我评估的结果更精确，因为当事人往往最清楚实际进度，自我洞察远比旁人的观察和测量要准确。

双赢的管理培训

有家大型金融机构有几十个分支机构，他们想让我们对公司的管理培训计划进行评估，并提出改良建议。这项培训计划的具体内容包括从高等院校毕业生中招聘员工，然后在六个月的时间里，让他们去十二个部门实习，一个部门实习两个星期，目的是要他们对整个公司的运作有一个全面的了解。六个月的培训结束之后，就会被分配到分行去担任助理经理。

这个公司原先的培训计划注重的只是方法，而不是最终结果。因此我们建议他们选择由受训者本人掌握具体的培训过程。这就是一种双赢协议，必须首先确认培训的目标和标准，管理人员可以根据这些目标和标准来评判受训人员的成绩。管理人员还必须明确指导方针、可用资源、任务考核和奖惩制度。当然，对于这个特定的培训项目来说，最后的奖励就是被提升为助理经理，他们可以继续接受在岗培训，薪水也将大幅提高。

我们经过调查和研究，得出一个长长的清单，上面列了一百多个具体的培训目标。在此基础上，我们进行简化、删减和提炼，最后总结了三十九个特定的培训目标，每一项后面都有相应的评估标准。

接受培训的人员干劲十足，因为他们看到了机会，也清楚意识到尽快达标就能提高薪水。对于他们来说，提拔和高薪就是很大的成功，对于公司来说，这同样也是很大的成功，因为未来的分行助理经理将不再是仅仅出现在十二个不同部门里的摆设，他们在接受培训之后全都会符合一定的标准。

受训者在这次自我主导的培训中始终保持热情，充分发挥了积极性。比如，他们会直接找到财务部门的行政管理人员，并坦率地说："您好，先生，我参加了公司的一个让受训者自己掌握整个培训过程的培训计划，而您曾经参与制订这些目标和标准。在您这个部门我要达到六个标准的要求，现在我只剩下最后一个要求没有完成。不知道您或者部门里的其他人是否有时间教我一下。"就这样，他们根本不需要在这个部门里花上两个星期的时间，只要半天就可以了。

这些受训者互相帮助，彼此激励，只用了一周半的时间就完成了新增加的任务。六个月的培训计划压缩到了五个星期，而且这次培训出来的人员素质也比以往都要高。

如果人们能够认真思索，将双赢定为最终目标，那么不论在业务还是生活等每个领域都可以大有作为。我自己经常会为某个人或某组织的积极转变成果感叹不已，其实领导者所要做的就是放手，让有责任心、积极处世以及具有自我领导能力的人独立完成任务。

双赢绩效协议

双赢绩效协议的前提是模式转换，注意力要放在结果而不是方法上，但大部分人都重方法轻结果。在谈论习惯三的时候，我提到曾运用指令型授权让太太桑德拉为滑水的儿子拍照，就是一例。双赢协议注重的是结果，要释放个人潜力，将协作效应最大化，产出与产能并重。

人们可以用双赢标准进行自我评估。传统的评估方式使用不便而且浪费精力，双赢协议则让人们根据自己事先参与制订的标准进行自我评估。只要方法得当，结果就是可靠的。即使使用双赢绩效协议的是一个七岁的小男孩，他也可以判断自己在清理庭院方面做得怎样。

管理哲学家兼顾问彼得·德鲁克建议，经理和员工之间可以用“给经理的信”这种形式来表述绩效协议的要点。首先就预期结果、指导方针和可用资源深入探讨，保证其与组织的总目标相一致，然后写在“给经理的信”中，并提议下一次绩效计划和讨论的时间。

这种双赢绩效协议是管理的核心内容。有了这样的一个协议，员工就可以在协议规定的范围内进行有效的自我管理，而经理就像是赛跑中的开路车一样，待一切顺利开展后悄悄退出，做好后勤工作。

一旦老板成为每一个属下的得力助手，他的控制范围将会大大增加，层层管理和操控的方式反而无用。这样，他所能够管理的就不再只是六七个人，而是二十个、三十个、五十个，甚至更多。

使用双赢绩效协议后，员工努力的结果和得到的奖惩就是业绩的自然成果，而不再是由负责人说了算。

有四种管理者或家长都可以掌控的奖惩方法：金钱、精神、机会以及责任奖惩。其中金钱奖惩包括薪资、股份、补贴的增减；精神奖惩包括认同、赞赏、尊敬、信任或者相反——除非温饱没有保障，不然精神奖励的价值通常超过物质奖励；机会奖惩包括培训、进修等；责任奖惩一般同职务有关，比如升职或者降职。双赢协议对此都有明确规定，当事人一开始就一清二楚，因此这并不是暗箱操作，完全做到了透明化。

除此之外，说明个人表现对集体的影响也很重要，例如迟到早退、拒绝合作、违反协议、打压下属、赏罚不明等给公司带来的损失。

双赢协议意味着自由，但必须以诚信作为支持，否则即便已经签署，也只能半途而废。

真正的双赢协议是双赢模式、双赢人格和双赢关系的产物，它以相互依赖的人际交往为对象，起着规范和指导的作用。

双赢体系

双赢只能存在于体系健全的组织机构中。如果提倡双赢，却奖励赢/输模式，结果注定失败。

一般来说，你鼓励什么就会得到什么。如果你想要实现既定的目标，就应该建立配套的奖励体系，但如果这个体系与目标背道而驰，自然无法实现愿望，就像那个提倡合作，却用“百慕大之旅”来激励员工的经理一样。

市场竞争必不可少，年度业绩也要互作比较，甚至不相关的部门和个人都可以竞争，但合作精神对解放和提高生产力而言，同竞争一样重要。双赢精神无法存在于你争我夺的环境中。

双赢必须有相应体系支撑，包括培训、规划、交流、预算、信息、薪酬等，而且所有体系都要建立在双赢原则的基础上。

当人们真正学会双赢思维后，就能够建立并遵循相应的体系，于是竞争变为合作，产出产能并重，工作效率大幅提高。

在企业里，主管可以调整体系，组建高产能的团队，与其他对手竞争；在学校里，教师可以因材施教，根据个人表现制定评分体系，并鼓励学生互相帮助，共同进步；在家里，家长可以帮助孩子培养合作意识，如在打保龄球的时候计算全家分数，并齐心合力打破以前的家庭纪录，还可以用双赢协议分配家务，这样大家不再牢骚满腹，家长也可以专心做自己分内的事情。

双赢赋予个人明确的任务，说明预期结果、指导原则和可用资源，个人要对结果负责，并完成自我评估。双赢体系要为双赢协议创造有利环境。

双赢过程

赢/输的方法不可能带来双赢的结果。你总不能要求别人：“不管你是不是喜欢，都要以双赢为目标。”问题是如何找到双赢的解决方案。

哈佛法学院的教授罗杰·费舍和威廉·尤利在二人合作出版的《走向共识》一书中建议在谈判中坚持“原则”，而不是“立场”。虽然他们并没有使用“双赢”一词，但是倡导的精神和本书不谋而合。

他们认为原则性谈判的关键是要将人同问题区分开来，要注重利益而不是立场，要创造出能够让双方都获利的方法，但不违背双方认同的一些原则或标准。

我建议不同的人和机构采用以下四个步骤完成双赢过程：

首先，从对方的角度看问题。真正理解对方的想法、需要和顾虑，有时甚至比对方理解得更透彻。

其次，认清主要问题和顾虑（而非立场）。

再次，确定大家都能接受的结果。

最后，寻找实现这种结果的各种可能路径。

习惯五和习惯六直接说明了如何处理其中的关键，后面两个章节里将详细探讨。

需要指出的是，双赢过程同双赢结果密不可分，只有经由双赢过程才能实现双赢结果，这里的目的与手段是一致的。

双赢并非性格魅力的技巧，而是人类交往的一种模式。双赢来自诚信、成熟和知足的人格，是高度互信的结果；它体现在能有效阐明并管理人们的期望和成就的协议中；在起支持作用的双赢体系里蓬勃生长；经由必要的双赢过程来实现。习惯五、六将对这种过程进行深入研究。

行动建议

1. 想一想接下来你需要利用沟通与人达成一致或得到解决方案的机会。确保你在“敢作敢为”和“善解人意”之间保持平衡。

2. 把时常妨碍你使用双赢思维的障碍都列出来。消除那些属于你影响圈范围内的障碍。

3. 选择一段你想要达成共赢的人际关系。试着站在对方的角度，写下对方对相应解决方案的看法。然后从自己的角度，列出对自己有利的结果。跟对方沟通，问问他/她是否愿意协商，直到达成对双方都有利的结果。

4. 想想你生命中最重要的三段关系。试着在每段关系的情感账户中找到使你得到情感收支平衡的证据。把你从这些关系中支取情感的具体方式写出来。

____

____

____

5. 深入地思考你的处事方式。是双赢还是一方受损？这种处事方式会不会影响你与别人的交往？你知道影响这种处事方式的主要因素是什么吗？衡量一下这些处事方式在你现在的处境中是否有益。

____

____

____

6. 尝试着寻找一个善于使用双赢思维的榜样。他/她是否即使在困难的处境中，依然坚持让双方获益？现在就下定决心更细心地观察这个榜样，向他/她学习。

____

____

____

7

第八章

习惯五　知彼解己

——同理心沟通的原则

• • •

若要用一句话归纳我在人际关系方面学到的一个最重要的原则，那就是：知彼解己——首先去寻求了解对方，然后再争取让对方了解自己。这一原则是进行有效人际沟通的关键。

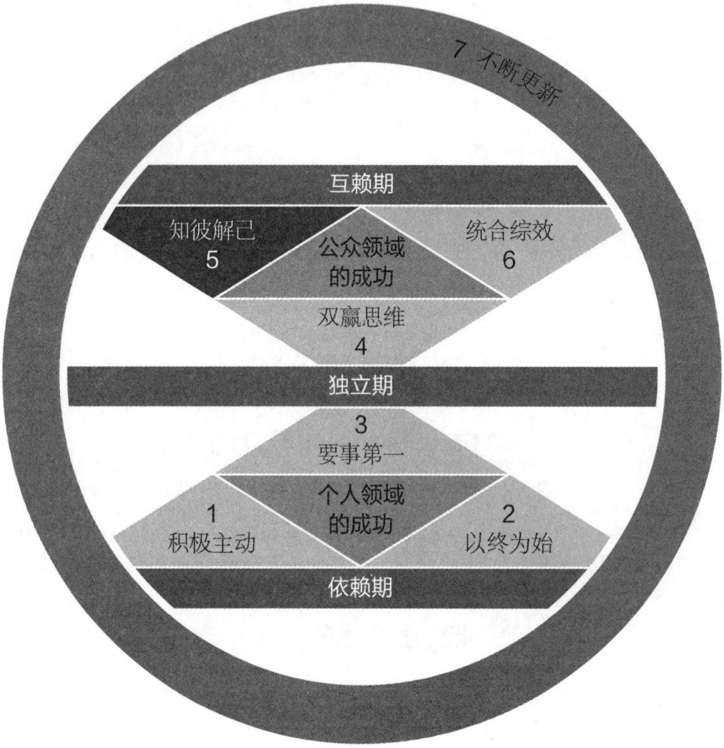
7 不断更新
互赖期
知彼解己
5
公众领域
的成功
统合综效
6
双赢思维
4
独立期
3
要事第一
个人领域
的成功
1
积极主动
2
以终为始
依赖期

心灵世界自有其理，非理智所能企及。

——帕斯卡（Pascal）
法国哲学家、数学家及物理学家

假设你的眼睛不太舒服，去看眼科医生，而他只听你说了几句话就摘下自己的眼镜给你。

“戴上吧，”他说，“我已经戴了十年了，很管用，现在送给你。”

可是你戴了之后看到的东西都扭曲了。

“太可怕了！”你叫道，“我什么都看不到了。”

“怎么会呢？”医生说，“我戴的时候很好啊，你再试试。”

“我试过了，”你说，“可是眼前一片模糊。”

“喂，你这个人怎么回事？”医生恼羞成怒，“真是好心不得好报！”

下一次你还会再去找这个医生吗？我想一定不会。一个不诊断就开药方的医生怎么能信任呢？

但与人沟通时，我们常常这样不问青红皂白就妄下断言。

“宝贝儿，跟我说说你怎么想的。我知道不容易，可我会尽量理解。”

“可是，妈妈，我不知道该怎么说。你一定会觉得我很傻。”

“不会的。告诉我吧，宝贝儿。这个世界还有谁会比妈妈更关心你呢？妈妈就是想让你开心，可你为什么不高兴呢？”

“那好，说实话，我不想上学了。”

“什么？”你简直不敢相信自己的耳朵，“你说什么？你不想上学了？为了让你上学，我们做了那么大的牺牲！接受教育是为你的将来打基础。如果你像你姐姐那样用功的话，成绩一定会好起来，那样你就喜欢上学了。我们跟你说过多少次了，一定要安心学习。你有这个能力，可就是不愿意用功。要努力，要积极向上才行啊！”

沉默。

“说吧，跟我说说你到底是怎么想的！”

我们总是喜欢这样匆匆忙忙地下结论，以善意的建议快刀斩乱麻地解决问题。不愿意花时间去诊断，深入了解一下问题的症结。

如果要让我用一句话总结人际关系中最重要的一个原则，那就是：知彼解己。这是进行有效人际沟通的关键。

你真的听懂了吗

听、说、读和写是最基本的沟通方式，也是最基本的生活技能。从小到大，我们接受的教育多偏向读写说的训练，可是从来没有人教导我们如何去听。然而听懂别人说话，尤其是从对方的立场去倾听，实在不是件容易事。

如果你要和我交往，想对我有影响力，你首先要了解我，而做到这一点不能只靠技巧。如果我觉察到你在使用某种技巧，就会有受骗和被操纵的感觉。你让我没有安全感，自然也不会对你敞开心扉。

你的影响力在于你的榜样作用和引导能力，前者源于你的品德，是你的真我。别人的评论或者你希望别人如何看你都没有意义，我在同你的交往中已经清楚了解了你。

除非你被我的个性所影响，不然我不会理会你的建议。因此，如果你想养成真正有效的人际沟通习惯，就不能单靠技巧。首先你要有能让他人信任和开怀的人格，在此基础上培养同理心倾听的技巧，然后建立情感账户来实现心与心的交流。

同理心倾听

“知彼”是交往模式的一大转变，因为我们通常把让别人理解自己放在首位。大部分人在倾听时并不是想理解对方，而是为了做出回应。这样的人要么说话，要么准备说话，不断地用自己的模式过滤一切，用自己的经历理解别人的生活。

如果同儿子、女儿、配偶或者雇员之间的沟通出现了问题，他们的反应通常是：“他就是不理解我。”

有一个父亲对我说过：“我不了解我的儿子，他就是不愿意听我说话。”我说：“我来重复一下，你说你不了解你的儿子，因为他不愿意听你说话？”

“是的。”他回答。

我提示他：“如果你想明白一个人，那就应该听他说话。”

他愣了一下，好一会儿才恍然大悟：“噢，没错！可是，我是过来人，很了解他的情况。”

实际上，这个人根本就不知道他儿子在想些什么，他用自己的想法揣摩全世界，包括他的儿子。

事实上，大部分人都是这么自以为是。

对于倾听来说，主动型倾听和回应型倾听都是一种技巧，本质是以自我为中心，就算行为没有显露出，动机已经不言而喻。回应型倾听技巧的目的不过是要做出回应，操控对方。

而作为倾听的最高层次，同理心倾听是指以理解为目的的倾听，要求听者站在说话者的角度理解他们的思维模式和感受。同理心倾听的本质不是要你赞同对方，而是要在情感和理智上充分而深入地理解对方。

同理心倾听不只是理解个别的词句而已，在同理心倾听的过程中，不仅要用眼睛去观察，还要用心灵去体会。

如此倾听效果显著，它能为你的行动提供最准确的信息。你不必以己度人，也不必费心猜测，你所要了解的是对方的心灵世界。倾听是为了理解，是心和心的深刻交流。

同理心倾听还是感情投资的关键，因为只有对方认同，你的投资才有意义，否则就算你费尽心机，对方也只会把它看作是一种控制、自利、胁迫和屈就，结果是情感账户被支取。

同理心倾听本身就是巨额的感情投资，它能够给人提供“心理空气”，极具治疗作用。

如果现在房间里的空气被突然抽走，你就不会对这本书感兴趣了，因为生存是你的唯一动机。

除了物质，人类最大的生存需求源自心理，即被人理解、肯定、认可和欣赏。

你的同理心倾听等于是给了对方“心理空气”，满足了对方这个基本需求后，你就可以着重于施加影响力和解决问题了。这种对于“心理空气”的需求对我们生活中每一个领域的交流都有影响。

我曾经在芝加哥的一个研讨会上讲授过这个概念，并让与会者在晚上练习同理心倾听。第二天上午，一个人激动地跑来告诉我：

“我来芝加哥是要谈成一大宗房地产交易的，昨天我和对方的主要负责人以及律师见了面，在场的还有另一家房地产代理，带着他们的候选方案。”

“我为这个项目付出了六个月的心血，几乎是孤注一掷。可是形势对我越来越不利。”

“于是我对自己说，既然如此，不如试一试今天刚学的方法——先知彼，再解己。”

“请先听听看，我是不是真正理解您的立场和对我的方案的顾虑，如果是，再来看一下我的方案是否合适。”

“我觉察到了他的担心和对结果的预想，并如实表达出来，我说得越多，他对我就越坦诚。”

“结果谈到一半的时候，他站起来，走到电话旁，拨通了太太的电话，然后捂住话筒对我说，这个项目是你的了。”

他给了那个人“心理空气”，从而在情感账户上存了一大笔钱。就这一点来说，人为因素比技术因素更重要。

短期来看，直接把自己受用多年的眼镜给别人容易得多。但是长远来看，这样会严重弱化产出和产能。

同理心倾听是有风险的。只有当你做好了被对方影响的准备，才能深入到同理心倾听的阶段，而这是需要足够的安全感的，因为这时候的你会变得很脆弱。从某种意义上说，这很矛盾，因为在影响对方之前，你必须先被影响，即真正理解对方。

先诊断，后开方

尽管要面对风险和困难，先诊断后开方的确是在生活中被多方证实的正确原则，是所有真正的专业人士的标志。只有当你相信了医生的诊断，才会相信他的处方。

我们的女儿詹妮在还只有两个月大的时候，有一天生病了。那是一个星期六，正好社区有一场重要的橄榄球赛，几乎所有人都很关注。

当时医生也去看比赛了。詹妮的情况越来越糟，于是我们决定咨询一下医生。

桑德拉拨通了体育场的电话，让人帮忙呼叫医生。那时比赛正进行到关键时刻，医生的声音中透着急切："喂？什么事？"

桑德拉说了詹妮的症状，医生爽快地答应马上给詹妮开个处方。

挂电话后，桑德拉又觉得她在慌乱中其实并没有把情况完全讲清楚，也许医生甚至不知道詹妮还是个新生儿呢。

于是我拨通了电话，医生又一次被叫了出来。我说："医生，你开处方的时候，有没有考虑到詹妮只有两个月大？"

他惊叫起来："不！幸亏你又打了这个电话，我这就去改药方。"

如果你对诊断本身没什么信心，那么也就不会对据此开出的药方有信心。

销售方面也是这样。平庸的业务员推销产品，杰出的业务员销售解决问题之道。万一产品不符合客户需要，也要勇于承认。

律师在办案前一定搜集所有的资料，研判案情，再上法庭；产品设计前，必须进行市场调查；工程师设计桥梁，一定预估桥身所须承受的压力；老师在教学前，应了解学生掌握知识的程度。

首先理解别人是在生活领域里广泛适用的正确原则，具有普遍性，但是在人际关系领域的作用是最大的。

四种自传式回应

我们在听别人讲话时总是会联系我们自己的经历，因此自以为是的人往往会有四种“自传式回应”的倾向：

价值判断——对旁人的意见只有接受或不接受。

追根究底——依自己的价值观探查别人的隐私。

好为人师——以自己的经验提供忠告。

自以为是——根据自己的行为与动机衡量别人的行为与动机。

价值判断令人不能畅所欲言，追根究底则令人无法开诚布公，这些都是经常造成亲子关系紧张的障碍。

青少年与朋友讲电话可以扯上一两小时，跟父母却无话可说，或者把家当成吃饭睡觉的旅馆，为什么呢？如果父母只知训斥与批评，孩子怎么肯向父母吐真言？

请看以下一对父子的谈话，先从父亲的角度来看：

子：“上学真是无聊透了。”

父：“怎么回事？” ⬅ 追根究底

子：“学的都是些不实用的东西。”

父：“我当年也有同样的想法，可是现在觉得那些知识还挺有用的，你就忍耐一下吧。” ⬅ 好为人师子："我已经耗了10年了，难道那些X＋Y能让我学会修车吗？"

父："修车？别开玩笑了。" ◀■■ 价值判断

子："我不是开玩笑，我的同学乔伊辍学之后学修车，现在月收入不少，这才有用啊。"

父："现在或许如此，以后他后悔就来不及了。你不会喜欢修车的。好好念书，将来不怕找不到更好的工作。" ◀■■ 好为人师

子："我不知道，可是乔伊现在很成功。"

父："你尽全力了吗？要知道你上的可是名校，应该差不到哪儿去。" ◀■■ 好为人师、价值判断

子："可是同学们都有同感。"

父："你知不知道，把你养到这么大，你妈和我牺牲了多少？已经读到高二了，不许你半途而废。" ◀■■ 价值判断

子："我知道你们牺牲很大，可是不值得。"

父："你应该多读书，少看电视……" ◀■■ 好为人师、价值判断

子："爸，唉——算了，多说也没什么用。"

这位父亲可谓用心良苦，但并未真正了解孩子的问题。让我们再听听孩子可能想表达的心声。

子："上学真是无聊透了。" ◀■■ 我想引起注意，与人谈谈心事。

父："怎么回事？" ◀■■ 父亲有兴趣听，这是好现象。

子："学的都是些不实用的东西。" ◀■■ 我在学校有了问题，心里好烦。

父："我当年也有同样的想法。" ◀■■ 哇！又提当年勇了。

我可不想翻这些陈年旧账，我只关心我自己的问题。“可是现在觉得那些知识还挺有用的，你就忍耐一下吧。”← 时间解决不了我的问题。

子：“我已经耗了10年了，难道那些X＋Y能让我学会修车吗？”

父：“修车？别开玩笑了。”← 他不喜欢我当修车工，不赞成休学，我必须提出理论根据。

子：“我不是开玩笑，我的同学乔伊辍学之后学修车，现在月收入不少，这才有用啊。”

父：“现在或许如此，以后他后悔就来不及了。”← 糟糕，又要开始说教。“你不会喜欢修车的。”← 爸，你怎么知道我的想法？“好好念书，将来不怕找不到更好的工作。”

子：“我不知道，可是乔伊现在很成功。”← 他没有念完高中，可是混得很不错。

父：“你尽全力了吗？”← 又开始顾左右而言他，但愿爸能听我说。“要知道你上的可是名校，应该差不到哪儿去。”← 唉，又转了个话锋，我想谈我的问题。

子：“可是同学们都有同感。”← 我是有根据的，不是信口雌黄。

父：“你知不知道，把你养到这么大，你妈和我牺牲了多少？”← 又是老一套，想让我感到惭愧。学校很棒，爸妈也很了不起，就只有我是个笨蛋。“已经读到高二了，不许你半途而废。”

子：“我知道你们牺牲很大，可是不值得。”← 你们根本不了解我。

父：“你应该多读书，少看电视……”← 问题不在这里。

爸，你根本不明白，讲也讲不通，根本不该跟你谈的。

子："爸，唉——算了，多说也没什么用。"

有效的沟通

这个例子充分显示有效的沟通多么不易，了解他人又是多么重要。正确的沟通方式也就是同理心倾听，至少包括四个阶段。

第一阶段是复述语句，这至少能使人专心倾听。

子："上学真是无聊透了。"

父："你已经受不了了，觉得上学太无聊。"

第二阶段加入解释，完全用自己的语句表达，但仍用左脑的逻辑思维去理解。

父："你不想上学了。"

第三阶段掺入个人的感觉，右脑发挥作用。此时听者所注意的已不止于言语，也开始体会对方的心情。

父："你觉得很有挫折感。"

第四阶段是既加以解释，又带有感情，左右脑并用。

父："你对上学有很深的挫折感。"

运用这四个阶段的方式沟通，不仅能了解对方，更能帮助对方认清自己，勇于表达。

适时扮演知音（理解和感知）

心情不好的时候，最需要善解人意的好听众，如果你能适时扮演这种角色，将会惊讶于对方毫无保留的程度。但前提是，你必须真心诚意为对方着想，不存私心。有时甚至不必形诸言语，仅仅一份诚心就足以感动对方。

对于关系亲密的人，和他分享经验将大大有助于沟通："读了这本书才发现，我从未真正倾听你说话，但今后会尽力为之，可能起初比较吃力，希望你助我一臂之力。"

我相信有人会批评，这种倾听方式太耗费时间。刚开始的确如此，可是一旦进入状况就会如鱼得水。正如医生不能借口太忙就不经诊断而下处方，沟通也需要投入时间。

人人都渴望知音，所以这方面的投资绝对值得，它能使你掌握真正的症结，大大增加感情账户的储蓄。

表达也要讲技巧

表达自己也是谋求双赢之道所不可缺少的，了解别人固然重要，但我们也有义务让自己被人了解，这通常需要相当的勇气。

古希腊人有一种很经典的哲学观点，即品德第一，感情第二，理性第三。品德指的是你个人的可信度，是人们对你的诚信和能力的认可，是你的情感账户。感情指的是你的同理心能力，是感性的，说明你能通过交流迅速理解他人的情感。理性是你的逻辑能力，即合理表达自己的能力。

请注意这个顺序：品德、感情、理性。首先是你本身的品德，然后是你同他人的关系，最后是你表达自己的能力，这是另外一种重要的模式转换。

表达自己并非自吹自擂，而是根据对他人的了解来诉说自己的意见，有时候甚至会改变初衷。因为在了解别人的过程中，你也会产生新的见解。

一对一沟通

习惯五非常重要，因为它位于个人影响圈的中心。互赖环境的很多因素都属于你的关注圈范围，如问题、分歧、环境、他人行为等，如果把精力都放在这些上面，你很快就会精疲力尽，而且收效甚微。

你应该时刻想着先理解别人，这是你力所能及的。如果你把精力放在自己的影响圈内，就能真正且深入地了解对方。你会获得准确的信息，能迅速抓住事件的核心，建立自己的情感账户，还能给对方提供有效合作所必需的“心理空气”。

这是一种由内而外的行为方式，认真倾听让你的影响圈慢慢扩大，并且越来越有能力在关注圈中发挥影响。

不要过于心急，要有耐心，要尊重对方。在你能够感同身受之前，人们一般不会主动向你吐露心声。你要一直关注他们的行为，并表示理解。你应该睿智、敏感而又头脑清楚，并能够抛开个人经历。

当我们真正做到深入了解彼此的时候，就打开了通向创造性解决方案和第三条道路的大门。我们之间的分歧不再是交流和进步的障碍，而是通往协同效应的阶梯。

行动建议

1. 选择一段你认为情感银行账户已经透支的关系。尝试从对方的角度描述当时的情景。在以后的接触当中，注意倾听和理解，把听到的和记录的内容进行对比。你的假设是否正确？你确实明白对方的意图吗？

___

___

___

2. 与亲近的人分享同理心的概念。告诉他/她你这一周准备在与他人的谈话中认真倾听并寻求反馈。你准备怎么实施这一计划？这会让对方有什么感受？

___

___

___

3. 下次有机会观察别人交谈的时候，捂住耳朵几分钟，只观察身体语言。“倾听”他们的手势、姿态以及面部表情。哪些情感人们可以使用非语言交流？

___

___

___

4. 注意你是否在不断地使用自传式回应，判断你的回应属于哪一种，价值判断、追根究底、好为人师还是自以为是？试着通过主动认错和道歉，针对当时的情景加入你当下的感情投入。

____

____

____

5. 下一次自我表达时，试着基于同理心。不仅站在支持者的立场，也从反方的角度更好地描述。然后再试着让人在支持的框架中理解你的想法。

____

____

____

7

第九章

习惯六　统合综效

——创造性合作的原则

• • •

统合综效的基本心态是：如果一位具有相当聪明才智的人跟我意见不同，那么对方的主张必定有我尚未体会的奥妙，值得加以了解。

与人合作最重要的是，重视不同个体的不同心理、情绪与智能，以及个人眼中所见到的不同世界。与所见略同的人沟通，益处不大，要有分歧才有收获。

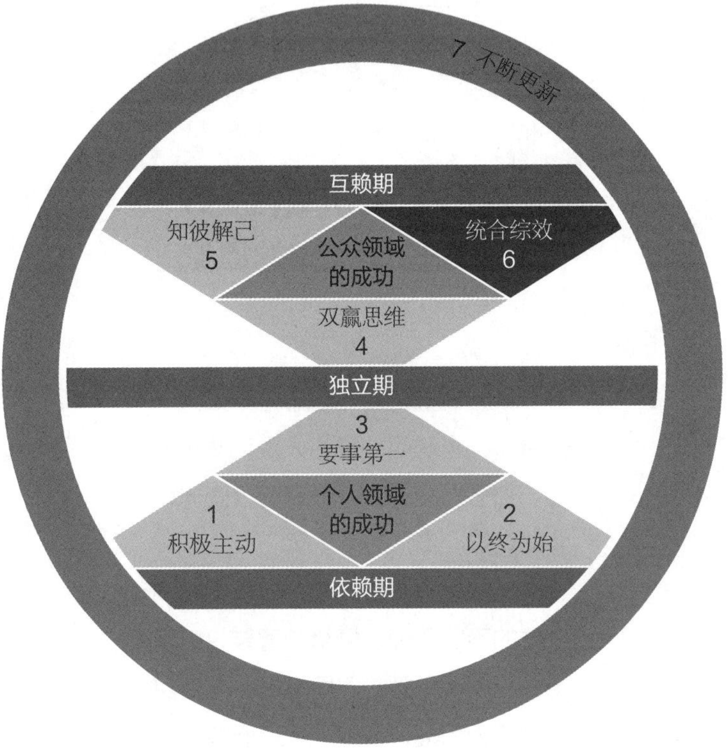

7 不断更新
互赖期
知彼解己
5
公众领域
的成功
统合综效
6
双赢思维
4
独立期
3
要事第一
个人领域
的成功
1
积极主动
2
以终为始
依赖期

我以圣者的期望自勉：对关键事务——团结，对重大事务——求变，对所有事务——宽大。

——美国前总统乔治·布什
（George Bush）
就职演说

英国前首相温斯顿·丘吉尔受命领导全英抵抗外敌入侵时曾说，他这一生都在为这一刻做准备。同样，所有其他习惯也都是在为“统合综效”这个习惯做准备。

统合综效就是整体大于部分之和，也就是说各个部分之间的关系也是整体的一个组成部分，但又不仅仅是一个组成部分，而是最具激发、分配、整合和激励作用的部分。

统合综效是人类所有活动中最高级的一种，是对所有其他习惯的真实考验和集中体现。唯有兼具人类四种特有天赋、辅以双赢的动机及同理心沟通，才能达到统合综效的最高境界。统合综效不但可创造奇迹，还能激发人类最大潜能，即使面对人生再大的挑战都不足为惧。

自然界到处都有统合综效的影子。如果你把两棵植物种得很近，两棵植物都能比被分开时更加茁壮地成长。叠放在一起的两块木片所能承受的重量大于叠放前分别承受的重量之和。一加一大于或者等于三。

问题是如何将从自然界学到的创造性合作原则应用到社会交往中。

统合综效的精髓就是判断和尊重差异，取长补短。男女间的生理差异显而易见，同时在社会、智力和情感方面的差异，也可以创造出新的生活形态和环境。它能让每一个人都真正实现自我，自尊自强，有机会完成从依赖到独立，再到相互依赖的成熟过程。统合综效能够培养我们下一代的服务和奉献精神，让他们少一些防御意识、针锋相对和自私自利，多一些坦诚相待、相互信赖和慷慨大方，少一些自我封闭、玩弄权术，多一些仁慈爱心和关心同情。

敞开胸怀，博采众议

所谓统合综效的沟通，是指敞开胸怀，接纳一切奇怪的想法，同时也贡献自己的见地。乍看之下，这似乎把习惯二“以终为始”弃之不顾，其实正好相反。在沟通之初，谁也没有把握事情会如何变化，最后结果又如何。但安全感与信心使你相信，一切会变得更好，这正是你心中的目标。

很少人曾在家庭或其他人际关系中，体验过集体创作的乐趣，日常生活中却习惯封闭和多疑。这常造成一生中最大的不幸——空有无尽的潜力，却无用武之地。

一般人或多或少有过“众志成城”的经验，例如：一场球赛暂时激发了团队精神；或是在危难中共同配合、急人所急，挽回一条生命。不过，这些通常都被视为特例，甚至奇迹，而非生活的常态。其实这些奇迹可以经常发生，甚至天天出现。但前提是必须勇于冒险，肯博采众议。

因为凡是创新就得有担当，不怕失败，不断尝试，即便最后证明是错误的。不愿冒风险的人，经不起这种煎熬。

课堂上的统合综效

凭多年教学经验，我深信最理想的教学状况往往濒临混乱的边缘，同时考验着师生统合综效的能力。

那时我教授的课程名称是“领导哲学与风格”。记得开学3周左右，有一位同学在口头报告中，坦白道出自己的亲身经验，内容相当感人而且发人深省。全班都深受感动，十分佩服这位同学的勇气。

其他同学受到影响也纷纷发表意见，甚至对内心深处的疑虑也毫无保留，那种依赖与安谧的气氛激发人抱持前所未有的开放态度。原先准备好的报告被搁置一旁，众人畅所欲言。

我也完全投入，逐渐放弃原定的教学计划，因为有太多不同的教学方式值得尝试。

最后，大家决议抛开教科书，另订立新的教学目标与作业，全班兴致勃勃地策划整个课程内容。又过了大约3周，大家又决定把学习心得汇集成书。于是又重新拟定计划，重新分组。

每位学生都比以往加倍努力，这段历程培养出罕见的向心力与认同感，即使在学期结束后依然持续不衰。后来这班学生经常举办同学会，只要我们聚在一起，就会回忆起那个学期的点点滴滴。

我认为，在这样短的时间内，这个班的学生就能够完全互信与合作，多半是因为他们已是大四下学期的学生，个性相当成熟，他们渴望的是有意义的新尝试，所以那门课的转变对他们而言可谓“水到渠成”。

此外，作为老师，我也适时提供了催化剂。我认为，与其追随前人的脚步，不如另辟蹊径。

当然我也曾经与人合作失败，弄巧成拙，相信一般人都不乏类似经验。只可惜有人对失败念念不忘，再也不肯做第二次尝试。

回顾过去担任顾问与教学工作的经验，我发现只要鼓起勇气，诚恳地言人所不敢言，总会获得相应的回馈，统合综效的沟通由此开始。在热切的交流中，纵使话不成句，也不会构成沟通障碍。如此得到的结论，有些固然不了了之，但多半能发挥不容忽视的力量。

商业领域的统合综效

我曾经与全体同事一起拟订公司的使命宣言。起先，会议进行得中规中矩，等到自由发言时，反应却极为热烈。只见共识逐步成形，最后完成使命宣言：

本公司旨在大幅提升个人与企业的能力，并且认知与实践以原则为中心的领导方式，达成值得追求的目标。

又有一次，我应一家大型保险公司之邀，主办该年度的企划会议。与筹备人员初步交换意见后，我发现以往的筹备方式是，先以问卷调查或访谈设定四五个议题，然后由与会主管发表意见。与会者在交流的时候通常都是毫无创造性，从一开始就知道结果如何。

经我强调统合综效的优点，他们同意改变形式。先由各主管以不记名方式针对主要议题提出书面报告，然后汇集成册，要求主管在会前详细阅读，了解所有的问题与不同的观点。这样一来，主管们在会上只需聆听，不需陈述，关注重点也由为自己辩护转向实现创造和统合综效。

人的创造力一旦得到释放，结果真是令人难以置信。兴奋取代了沉闷，所有人都敞开心扉，接受别人的意见，探寻新思路和新方案。会议接近尾声的时候，每个人对公司所面临的挑战都有了全新的认识，书面提议被废弃，意见分歧被重视和升华，新的共识开始成形。

一旦经历过真正的统合综效，人们就会脱胎换骨，会看到未来有更多这种开阔视野的机会。

人们有时候会刻意重复某个统合综效的经历，但却很少成功，然而，这些经历背后的核心目标却是可以重现的。就像流传于远东地区的一句哲言："我们不应单纯地模仿大师的言行，而应该追求大师所追求的。"同样，我们不应该单纯地模仿，而应该创造。

沟通三层次

统合综效和创造会让人热血沸腾，坦诚交流的效果令人难以置信。虽然坦诚往往与风险相伴，但是非常值得，因为你的收获与进步将是不可思议的。

"二战"之后，美国命戴维·利连撒尔接管原子能委员会。他召集了一群很有影响力的社会名流为之工作。这些背景各异的人有无比坚定的信念，做好了开始工作的准备，而且媒体也在不断施加压力。

但是利连撒尔却用了几个星期的时间来建立情感账户，让这些人先花时间彼此了解。为此，他承受了很多批评，被指责为浪费时间。

所幸的是，这群人果然相处得十分融洽，彼此非常坦率，相互尊重，即便意见不一，也首先是真心实意去努力理解对方。

图9-1说明了信任度与沟通层次之间的联系。

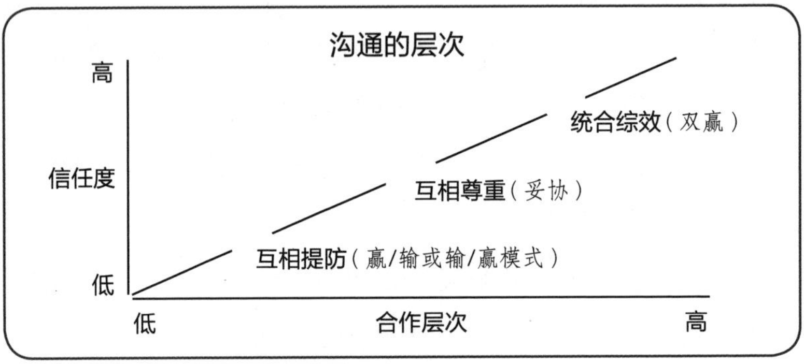

图9-1　沟通的层次

低层次的沟通源自低信任度，其特点是人与人之间互相提防，步步为营，为情况恶化作打算，其结果只能是赢或者输，而且毫无效率可言，最后只能是让人们更有理由进行自我防御和保护。

中间一层是彼此尊重的交流方式，为了避免冲突，双方都保持礼貌，但却不一定为对方设想。即使掌握了对方的意向，也不能了解背后的真正原因，不能开诚布公，探讨其余的选择路径。这种沟通层次在独立的，甚至在相互依赖的环境中尚有立足之地，但并不具创造性，这意味着1+1只等于1.5，双方都有得有失。

统合综效意味着1+1等于8或16，甚至1600。源自高信任度的统合综效能带来比原来更好的解决方案，每一个参与者都能认识到这一点，并全心享受这种创造性的事业。由此产生的文化氛围即使不能持久，至少在当时也可以促成产出/产能的平衡。

即使是在既不能统合综效也不能干脆放弃的情况下，只要用心尝试和努力，通常都会达成更有效的妥协。

寻求第三条道路

下面这个例子很好地解释了不同层次的交流是如何影响相互依赖的人际关系的：

一位父亲想利用假期带全家去露营钓鱼。他策划许久，做好一切安排，两个儿子也兴奋地期待着。然而妻子却打算利用难得的假期，陪伴久病不愈的母亲。一场家庭争端一触即发。

丈夫说："我们已经盼了一年，而且孩子们到外婆家无所事事，一定吵翻天。更何况她老人家病情并没有那么严重，又有你妹妹就近照顾。"

妻子说："她也是我的母亲，不知道在世上还有多少时日，我要陪在她身边。"

"你可以每晚打电话，反正我们会跟她一起过圣诞节。"

"那还有好几个月，不知道那时她是否还在世。母亲总比钓鱼更重要。"

"丈夫和孩子比母亲更重要。"

这样争执下去，最后或许会有折中的安排，也许是妻子独自去探望母亲，丈夫带着孩子去度假。可是夫妻俩都会有内疚感，心情不可能愉快。或者，丈夫妥协，但心不甘情不愿。反之，妻子顺从丈夫的心意，却毫无玩兴。

不论是哪一种妥协，都会成为夫妻间挥之不去的阴影。即使多年以后，这件事还可能会是他们的争论焦点，甚至可能导致整个家庭的破裂。

夫妻双方的意见分歧可能产生隔膜，也可能使彼此更加亲近。如果双方都养成了有效的相互依赖的几个习惯，就会以全新的模式来看待他们之间的差异。

如果他们之间的情感账户余额很多，对彼此有充分的信任，能够开放式沟通，并奉行双赢模式，相信有更好的可以互惠互利的第三条道路。

余额充足的情感账户、双赢模式、先理解别人的原则，所有这些加在一起，就是实现创造性统合综效的理想环境。

通过沟通，丈夫了解到妻子陪伴母亲的愿望，知道妻子是想减轻妹妹常年照顾母亲的负担，同时也担心母亲的健康。

而妻子理解了丈夫想让家人团聚在一起和让孩子们开心的苦心，知道他为此还花心思去上培训班和购买装备，相信全家人在一起的美好回忆也十分重要。

于是他们试着寻找第三条可行之道。

先生说:“也许在这个月找一周,家事请人代劳,其他由我负责,你就可以去看母亲。要不然，到距离母亲较近的地点去度假钓鱼也不错，甚至邀请附近的亲友一起度假，更有意思。”

他们通过商量，找出双方都满意的解决方案，而且比原来的方案和妥协的办法都好得多。

消极协作减效

寻找第三条道路需要从非此即彼的思想中走出来，实现重要的模式转换，前后结果天差地别。

在相互依赖的环境中，人们在解决问题的时候往往将太多的时间和精力耗费在玩弄权术、彼此提防等消极无益的事情上。这就像是开车的时候一只脚踩油门，另一只脚却踩刹车。猛踩油门，想用更多的压力、狡辩和论据来巩固自己的地位。

问题是独立的人都想在相互依赖的环境中取得成功，虽然他们嘴上说着双赢技巧，实际上却不想聆听，只想操纵别人。在这样的环境里根本无法实现统合综效。

缺乏安全感的人认为所有的人和事都应该依照他们的模式。他们不知道人际关系最可贵的地方就是能接触到不同的模式，统合综效的精髓就是尊重差异。

要实现人际关系中的统合综效，关键是首先实现个人的统合综效，个人的统合综效在前三个习惯的原则中都有体现，这些原则赋予人们足够的安全感，让他们变得开放、坦率、不惧风险。只有将这些原则内化，我们才能有双赢所必需的知足心态，才能真正做到“知彼解己”。

以原则为中心会让我们变得真正完整起来。一个偏重于语言和逻辑的惯用左脑思维的人会发现自己在面对要求极高创造力的问题时常常无能为力，于是开始醒悟，并调动右脑来接受新的模式。

右脑主管直觉、创造和印象，左脑主管分析、逻辑和语言，只有左右贯通，整个大脑才能发挥作用。换言之，我们自己的左右脑也需要统合综效。大脑的这种构造十分适合我们的现实生活，因为生活不仅是理性的，也是感性的。

尊重差异

与人合作最重要的是，重视不同个体的不同心理、情绪与智能，以及个人眼中所见到的不同世界。

自以为是的人总以为自己最客观，别人都有所偏颇，其实这才是画地为牢。反之，虚怀若谷的人承认自己有不足之处，而乐于在与人交往之中汲取丰富的知识见解，重视不同的意见，因而增广见闻。

完全矛盾的两种意见同时成立是否合乎逻辑，问题不在于逻辑，而是心理使然。有些矛盾的确可以并存，而且都言之成理。

个体差异的重要性从教育家里维斯的著名寓言《动物学校》中可见一斑：

有一天，动物们决定设立学校，教育下一代应付未来的挑战。校方订立的课程包括飞行、跑步、游泳及爬树等本领，为方便管理，所有动物一律要修全部课程。

鸭子游泳技术一流，飞行课的成绩也不错，可是跑步就无技可施。为了补救，只好课余加强练习，到最后磨坏了脚掌，游泳成绩也变得平庸。

兔子在跑步课上名列前茅，可是对游泳一筹莫展，甚至精神崩溃。

松鼠爬树最拿手，可是飞行课的老师一定要他自地面起飞，不准从树顶下降，弄得他神经紧张，肌肉抽搐。最后爬树得丙，跑步更只有丁等。

老鹰是个问题儿童，必须严加管教。在爬树课上，他第一个到达树顶，可是坚持用最拿手的方式，不理会老师的要求。

另一边，地鼠因为学校未把掘土打洞列为必修课，而集体抗议。并且决定与土拨鼠合作另设学校。

化阻力为动力

在互赖关系中，统合综效是克服成长与改变阻碍的最有力途径。社会学家库尔特·莱文曾以“力场分析”的模型，来描述鼓励向上的动力与阻挠上进的阻力，如何呈互动或平衡的状态。

动力通常是积极、合理、自觉、符合经济效益的力量，而阻力多半消极、负面、不合逻辑、情绪化、不自觉，具社会性与心理性因素。这两组作用力都是真实存在的，在应变时都要考虑周全。（见图9-2）

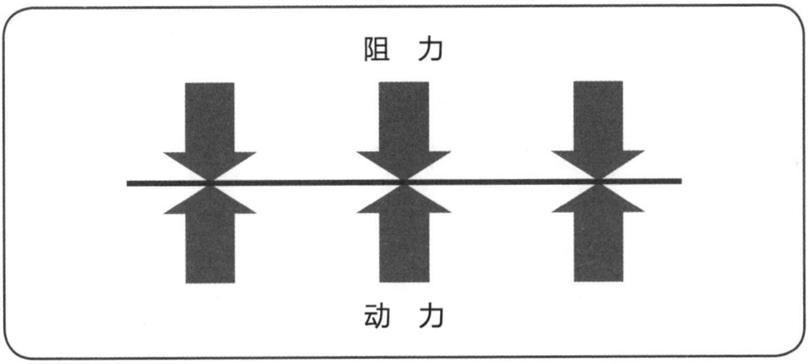

图9-2 “力场分析”模型

举例来说，一个家庭会有一种氛围。通过这种氛围，我们可以看出家庭成员交往的积极或者消极程度；知道他们是否能够放心大胆地表达情感或者顾虑；了解他们在互相交流的时候能否彼此尊重。

也许你很希望能够在这种氛围中加入更多的积极因素，让家庭成员们更加尊重和信任彼此，更加坦诚，这种想法本身就是有助于改善家庭氛围的动力。

不设法削减阻力，只一味增加推力，就仿佛施力于弹簧上，终有一天引起反弹。几经努力失败后，就会产生挫败感。

但是如果你引进了统合综效这个概念，以习惯四为目标，以习惯五为技巧，以习惯六为交往方式来应对阻力，你就能够营造出一个让所有家人都畅所欲言的环境，他们在得到自由的同时也吸收了新的思想，这些都会促成阻力向动力的转化。把你的问题告诉家人，让他们也置身其中，他们就会把它当作自己的问题来认真对待，并为寻找解决途径而付出努力。

全新的、共同的目标由此产生，计划得以顺利进行，而结果往往超出所有人的想象。这一过程中伴随的兴奋心情将营造出一种全新的文化氛围，每个人都能在其中感受到他人的谦恭，并在新的创造性事务和机遇中获得新思想。

自然界是统合综效的最佳典范

生态学很好地解释了自然界的统合综效现象：世间万物都是密切相关的，这些关系可以将创造力最大化。本书所讲的七个习惯的真正力量也是存在于它们的相互关系中，而不是单个的习惯中。

部分之间的关系也是在家庭或公司里创造统合综效文化的力量。参与的程度越深，人们对分析和解决问题的投入就越多，释放出来的创造力就越大，越需要对最后的结果负责任。我坚信这就是日本人商业成功的秘密所在，他们就是这样改变了全球市场。

统合综效是有效而正确的原则，其成效超出此前的所有习惯，代表了相互依赖环境中的高效能，代表了团队协作和团队建设精神，能让团队成员通过合作实现创造。

即使处于不利境地，也不应该放弃追求统合综效。不要在意别人的无礼行径，避开那些消极力量，发现并利用别人的优势，提高自己的认识，扩展自己的视野。你应该在相互依赖的环境中勇敢而坦率地表达自己的观点、情感和经历，借此鼓励他人同样地坦诚相待。

尊重人与人之间的差异，当有人不同意你的观点的时候，你应该试着寻找统合综效的第三条道路，一般情况下它总是存在的。如果你坚持双赢模式，确实愿意努力理解对方，你就能找到一种让每一个人都受益更多的解决方案。

行动建议

1. 想象一个你身边与你想法截然不同的人。思考这些不同是否能开启第三条道路。也许你可以询问他/她有关一个项目或问题的意见，仔细评判你听到的不同观点。

2. 列张清单，写下所有激怒你的人。如果你的内心有足够的安全感，愿意重视他们的不同意见，他们的观点能成为统合综效的来源吗？

3. 在你急需团队合作的情境中，迫切需要具备什么条件？你该怎么创造这些条件？

4. 下次当你和别人发生争执或冲突时，试着站在对方角度想想潜在的隐忧，用一种对双方都有利的方式打消其顾虑。

如果你想了解自己的效能，发现优势所在，找出改进的方面，请登录www.7hpeq.com. PEQ效能测试3.0，为你全面评估效能现状，并提供行之有效的行动方案。

The 7 HABITS of Highly Effective People

第四部分

自我提升和完善

RENEWAL

PART FOUR

7

第十章

习惯七　不断更新
——平衡的自我提升原则

人生最值得的投资就是磨炼自己，因为生活与服务人群都得靠自己，这是最珍贵的工具。

工作本身并不能带来经济上的安全感，具备良好的思考、学习、创造与适应能力，才能立于不败之地。拥有财富，并不代表经济独立，拥有创造财富的能力才真正可靠。

7 不断更新
互赖期
知彼解己
5
公众领域
的成功
统合综效
6
双赢思维
4
独立期
3
要事第一
个人领域
的成功
1
积极主动
2
以终为始
依赖期

微不足道的小事也会引发惊人的结果，每念及此，我就认为世上无小事。

——布鲁斯·巴登
（Bruce Barton）
美国前众议员及广告业者

假使你在森林中看到一名伐木工人，为了锯一棵树已辛苦工作了 5 个小时，筋疲力竭却进展有限，你当然会建议他：

“为什么不停下几分钟，把锯子磨得更锋利？”

对方却回答：“我没空，锯树都来不及，哪有时间磨锯子？”

自我提升和完善的四个层面

习惯七就是个人产能。它保护并优化你所拥有的最重要的资产——你自己。它从四个层面更新你的天性，那就是：身体、精神、智力、社会/情感。（见图10–1）

从根本上讲，“不断更新”意味着要兼顾这四种要素，要以睿智而均衡的方式，经常并持续运用我们天性中的这四个层面。

对自己投资，对我们用来处世和做贡献的唯一工具进行投资，是我们在一生中做出的最有效的投资。为了提高效能，我们必须认识到定期从四个层面“磨刀”的重要性。

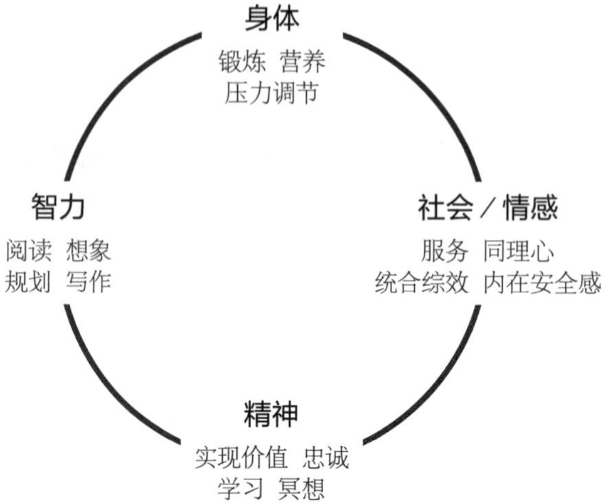

图10-1 从四个层面磨炼自己

身体层面

身体层面指有效呵护我们的身体——健康饮食，充足休息以及定期锻炼。

锻炼属于第二象限事务，但是由于不具紧迫性，因此很少人能坚持不懈，结果终有一天我们会发现自己陷入了第一象限事务，不得不面对健康问题和危机，而原因正是之前对锻炼的忽视。

很多人觉得自己没有时间锻炼身体，这种想法真是大错特错！每周只需要用3～6个小时锻炼，而这对一周当中余下162～165个小时有着巨大益处，是绝对必要的。

锻炼身体不一定要有专门的器材，好的锻炼项目可以在自己家里进行，可以提升你的耐力、韧性和力量。

耐力 源于有氧运动，靠的是心血管功能，即心脏向全身供血的能力，快走、跑步、骑车、游泳、越野、滑雪和慢跑等都是可以增强耐力的运动。

如果你能将每分钟至少100下的心率维持30分钟，就算是基本健康。而最理想的状态是尝试将心率至少提高到最高脉搏频率的60%。

韧性　源于伸展运动。很多专家建议在有氧运动前后要分别注意“预热”和“伸展”。预先热身有助于放松肌肉并提高肌肉温度，为强度较大的锻炼做好准备；伸展运动有助于分解乳酸，缓解肌肉的酸痛和僵硬感。

力量　源于持久的肌肉运动——比如简单的柔软体操、俯卧撑、引体向上、仰卧起坐和举重。力量训练的强度因人而异，如果你主要从事脑力劳动，长期保持坐姿，体力消耗有限，那么除了有氧运动和伸展训练之外，再辅以柔软体操可能就足够了。

我们必须理智地制定锻炼计划，但在现实中却又往往操之过急，特别是在长期不锻炼的情况下。这样可能会造成不必要的疼痛、伤害甚至永久性损伤，循序渐进是最好的。所有锻炼计划都应该与最新研究成果、医生的建议和自己的意愿相一致。

也许锻炼的最大好处是养成了习惯一“积极主动”的肌肉。如果你坚持以身体健康原则为行动指南，而不是对妨碍锻炼的所有因素消极反应，那么你的自我评价、自尊、自信和诚信也会受到深刻影响。

精神层面

精神层面的更新为你指引人生方向，与习惯二密切相关。

精神层面是人的本质、核心和对价值体系的坚持，是生活中非常私人而又至关重要的领域。它能够调动人体内具有激励和鼓舞作用的资源，把你同所有人类的永恒真理紧紧联系在一起。但在这一点上人们的做法迥异。

有些人是通过欣赏优秀的文学或音乐作品来实现精神层面的更新，还有些人是通过与自然交流来达到同样目的。大自然会赐福给那些沉浸在自然中的人。当你远离城市的喧嚣与混乱，尽情享受过大自然的和谐与韵律，再回到城市时会感到耳目一新。

精神层面的更新需要时间，但这是第二象限事务，我们没有理由忽视它。

有一位远东的禅师在任何压力之下都能处变不惊。有人问他："您是怎样保持这种平静安详的？"他答道："因为我从未离开过我坐禅的地方。"他早起坐禅，在一天的其余时间里，内心深处始终保持着坐禅时的那种安详心境。

这也就是说，如果我们能够用心把握生活的方向和生命的真谛，就如同得到了一把可以聚拢一切的大伞，源源不断地赐予我们新的力量，如果能够持之以恒，效果会更加明显。

正因为如此，我才坚信个人的使命宣言至关重要。一旦深刻理解了生活的中心和目标，我们就可以不断反思，持之以恒，在更新精神层面的过程中，就可以抱着坚定的信念，构想并实践每一天的活动。

智力层面

我们大多数人的智力发育和学习习惯都源自正规教育。但是，一旦脱离了学校的训导，许多人的头脑就会退化：不再认真读书，不再探索身外的新世界，不再用心思考，相反，我们把时间花在了看电视上。

长期研究表明，大多数家庭的电视机每周要开约35～45个小时，电视里所宣扬的价值观可能会在不知不觉中潜移默化我们的思想。大家都有过这样的共识，承认沉溺于肥皂剧或某个特定节目是一种病态的依赖行为。电视的确让生活变得丰富多彩，但是，还有很多电视节目完全是在浪费我们的时间和头脑，如果听之任之，就会带来消极影响。

如果想对电视节目做出明智选择，就要借助习惯三。它使我们能够辨别并挑选出最适合我们的目标和价值观，而且信息丰富、发人深省又引人入胜的节目。

智力层面的更新主要靠教育，借此不断学习知识，磨砺心智，开阔视野。

养成定期阅读优秀文学作品的习惯是拓展思维的最佳方式，这是第二象限事务，人们可以借此接触到当前或历史上最伟大的思想。我极力推荐大家从每个月读一本书开始，然后每两周读一本书，接着是每周读一本书。

磨砺心智的另一种有效方式是写作。通过不断记录自己的想法、经历、深刻见解和学习心得，我们的思路就会更加明晰、准确和连贯。

组织和规划是另外两种与习惯二和习惯三相关的磨砺心智的方式，也就是以终为始，为实现磨砺心智这一目标而运筹帷幄，运用大脑的想象力和逻辑力，事先预见到结果和过程，即便无法预见到具体步骤，至少也能预见到主要途径。

有人说，战争的胜利取决于将军的运筹帷幄。前面说到的身体、精神和智力这三个层面的“磨刀”过程就是我所谓的“每日个人领域的成功”的实践过程。我的建议是每天“磨刀”一小时，身体力行，坚持不懈。

社会/情感层面

身体、精神和智力层面与习惯一、二、三密切相关，围绕着个人愿景、自我领导和自我管理的原则。而社会/情感层面的重点则是习惯四、五、六，围绕着人际领导、同理心交流和创造性合作的原则。

生活中社会层面和情感层面之所以紧密相连，是因为我们的情感生活首先源自并体现于与他人的关系，但并不限于此。

社会/情感层面的更新并不像其他层面的更新那样需要花费大量时间，我们可以在与他人的日常交往中完成这项工作，但练习还是必要的。由于我们中的许多人尚未取得个人领域的成功，不具备任何交往中都必不可少的习惯四、五、六（公众领域的成功）的技巧，因此可能时刻需要自我激励和鞭策。

假设你是我生活中必不可少的人，我们需要交流、共事、完成一项任务或解决一个问题，但却存在意见分歧和不同视角，比如你看到的是年轻女子，我看到的却是老妇人。

这时候我就要实践习惯四。我对你说：“我知道，咱们对这个问题的看法不同，不如先交流一下意见，直至找到大家都满意的解决方法。你觉得如何？”多数人都会点头同意。

然后，我开始实践习惯五——先理解别人，我要做到同理心倾听，当我能够像你一样解释你的观点之后，就集中精力阐明我自己的观点，让你也能够理解我的观点。

既然我们都致力于寻找双方满意的解决方案并能够深入理解彼此的观点，就可以转向习惯六。我们共同努力，拟定消除分歧的第三种解决方案，该方案需要被双方认可且优于你我最初提交的方案。

习惯四、五、六的成功关键不是智力问题，而是情感问题，与我们个人的安全感密切相关。

至于增进内在安全感的方式，包括：坚守原则，肯定自我；与人为善，相信人生不止输赢两种抉择，还有双方都是赢家的第三种可能性；乐于奉献，服务人群；燃烧自己，照亮别人。如果把工作当作一种奉献，再平凡的职业也会显得不同凡响。

改变他人

每个人都是社会的一面小镜子，反映出身边人的想法、判断和模式，每个人都从镜中获知自己在周围人眼中的形象，而社会之镜是由周围人的舆论、认知和思维决定的。

我们可以选择清晰而真实地反映出他人的形象，肯定他们的积极性和责任心，帮助他们改变行为模式，成为讲原则、懂判断、独立自主、有价值的个体。知足心态让我们意识到，反映他人的正面形象并不会贬低我们自己，反而会使我们更强大，因为它增加了我们与其他积极主动者有效交往的机会。

有时候，连你自己都不相信自己了，却有另一个人相信你，他会改变你，这不是人生的重大转变吗？就自我实现的预言而言，最经典的一个故事是：

在英国的一所学校里，有一台电脑意外地出现了程序错误，结果在登记学习成绩时，把一个“优等生”班记录成了“差生”班，把一个“差生”班记录成了“优等生”班。这份报告是每年开学时决定教师对学生看法的首要参考。

当校方终于在五个半月之后发现这一错误时，决定不向任何人透露情况，并再次对这些孩子进行了测试。结果令人瞠目结舌：“优等生”的智商测试成绩出现了明显下降，因为别人都把他们当作头脑愚笨、不合作、难以管教的学生——教师的想法变成了自我实现的预言。

不过，所谓“差生”的成绩却有所提高，因为他们被当作聪明的学生对待，教师的热情、希望、乐观态度和兴奋心情都反映出对这些学生的极高期望和评价。

我们如何反映他人的形象？这种反映又会对他们的生活产生多少影响呢？我们有足够的“财富”对别人做感情投资。我们越擅长发掘别人的潜力，就越能在配偶、子女、同事或雇员身上发挥自己的想象力，而不是记忆力。我们不应该给他们“贴标签”，与他们共处时要从全新的角度“打量”他们，帮助他们独立和实现自我，并建立起美满、丰富和卓有成效的人际关系。

歌德说：“以一个人的现有表现期许之，他不会有所长进。以他的潜能和应有成就期许之，他定能不负所望。”

平衡更新

自我提升和完善的过程必须包括天性中的所有四个层面：身

体、精神、智力、社会/情感。

每个层面的更新都很重要，因此只有平衡好四个层面的更新进度，才能取得最理想的效果。

企业力争上游的道理也是这样。企业的体质就是财务状况；心智涉及人力资源的开发、培养与运用；社会/情感指公关与员工待遇；精神则反映出目标宗旨与原则。

有许多企业，表面上高唱崇高的理想，骨子里却一心一意只想赚钱。这种企业内部都有严重不和的现象，不同部门各自为政、明争暗斗。谋利固然是企业经营的基本目的，但并非企业存在的唯一目的。

有些组织则走向另一个极端，几乎是只关注社会/情感层面。从某种意义上讲，它们是社会的实验品，它们放弃了为自己的价值体系确立经济标准，毫无效率可言，并最终将丧失在市场上生存的能力。

还有许多组织发展了三个层面，它们也许确立了恰当的服务标准、经济标准和人际关系标准，但却忽视了发掘、培养员工的才能，由此形成的企业文化就会表现出各种形式的共同抵触、互相敌对、人员过度流动等深远而长期存在的问题。

如果要达到高效能，无论组织还是个人都需要平衡发展并更新所有层面，任何层面遭到忽视都会产生消极力量，对效能和成长产生阻碍。

这个不断改善的过程也是“全面质量管理运动”的特色，是日本经济腾飞的关键。

更新中的统合综效

人生的四个层面休戚相关：身体健康有助于心智发展，精神提升有益于人际关系的圆满。因此，平衡才能产生最佳的整体效果。

本书的七个习惯也唯有在身心平衡的状态下运用效果最佳，因为每个习惯之间，都存在着密不可分的关系。

越是积极主动（习惯一），就越能在生活中有效地实施自我领导（习惯二）和管理（习惯三）；越是有效管理自己的生活（习惯三），就能从事越多的第二象限事务的更新活动（习惯七）；越能先理解别人（习惯五），就越能找到统合综效的双赢解决方案（习惯四和习惯六）；越是改善培养独立性的习惯（习惯一、二、三），就越能在相互依赖的环境下提高效能（习惯四、五、六）；而自我更新则是强化所有这些习惯的过程（习惯七）。

身体层面的自我更新等同于强化个人愿景（习惯一）。它帮助我们增强积极性、自我意识和独立意志，不需要被动地承受他人的行为后果，这也许是锻炼身体的最大好处。

精神层面的更新等同于强化自我领导（习惯二）。它帮助我们更好地按照想象和良知行事，确定核心的正确原则，明确自己在生活中的独特使命，以及坚持正确原则并利用个人的资源优势。

智力层面的更新等同于强化自我管理（习惯三）。它帮助你在做计划的时候确定属于第二象限事务的重要活动，优先安排能够有效利用时间和精力的目标与活动，然后围绕这些组织并开展活动。

“每天的个人领域的成功”是培养七个习惯的关键，完全在个人的影响圈范围内。第二象限事务会集中必要精力将所有习惯整合到生活中，让你以原则作为生活的中心。

螺旋式上升

自我提升和完善是一种原则，也是一个过程，一个在成长和转变之间螺旋式上升的过程，一个不断完善自我的过程。

要想在这个过程中实现稳定而卓越的进步，还必须考虑到人类的独特天赋——良知，它指引着这个螺旋式上升的过程。

良知是一种天赋，帮助我们判断自己是否背离了正确的原则，然后引导我们向这些原则靠拢。

培养良知对积极处世的高效能人士来说也至关重要。培养良知需要更专注的精神和更全面的训练，以及贯彻始终的诚信人生，而最重要的是要在我们的良知还未成熟的时候就遵循它。

淫秽、粗俗或色情的东西会使我们的灵魂陷入黑暗之中，削弱我们的判断能力，不再关心是非对错，只在乎自己是否会被“社会良知”揭发。

哈马舍尔德说过：“把玩内心兽性的人，早晚会变成真正的野兽；整天弄虚作假的人，终将失去获得真理的权利；暴虐成性的人，头脑的判断力会日益减退。如果真的要保持花园整洁，就不能让杂草有立足之地。”

一旦具备了自我意识，我们就必须选择自己需要遵循的目标与原则，否则就如真空被慢慢填满一样，自我意识存在的空间会越来越小，并最终消失，而我们就会变成只为生存和繁衍而活着的行尸走肉。

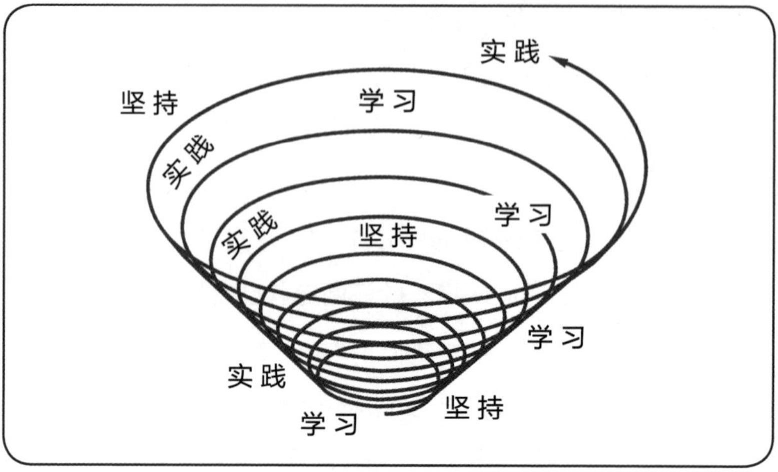

图10-2 螺旋式上升

修身励志没有捷径。收获法则始终发挥着支配作用——种瓜得瓜，种豆得豆，不多也不少。公正的法则也不可动摇，我们越是靠近正确的原则，就越能对事情做出明智的判断，我们的思路也就越清晰明确。

当我们依照螺旋式上升的路线成长时，一定要在自我提升和完善的过程中勤勤恳恳，培养并遵从自己的良知，它会鞭策和指引我们沿着自由、安全、智慧和力量的道路前行。

要实现这个良性循环，就必须学习、坚持、实践，并沿着螺旋式上升的路线不断提高实践的层次。如果以为做到一项就已足够，完全是在自欺欺人。为了不断进步，我们必须学习、坚持、实践——再学习、再坚持、再实践……

行动建议

1. 列出一张活动项目清单，帮助你塑造体形。这些活动要贴近你的生活方式，而且要能使你享受其中。

2. 选出一项活动作为你下周个人角色领域的目标。在周末评估你的表现，如果没有达成，是由于目标设定不理想吗？还是你没有专注于实现计划？

3. 再列出一张相似清单，更新一下精神领域的活动。环顾你的社交圈，列出你想改进的关系，或设想一些公众领域的成功所带来更好局面的场景。在每个领域都选出一项活动，作为这周要实现的目标，实施并加以评估。

4. 设置固定时间写下“不断更新”的活动，从四个方面进行，每周评估个人表现和最终结果。

7

第十一章

再论由内而外造就自己

• • •

七个习惯浇灌出来的最高级、最美好和最甘甜的果实就是齐心协力，就是把自己、爱人、朋友和同事合而为一。

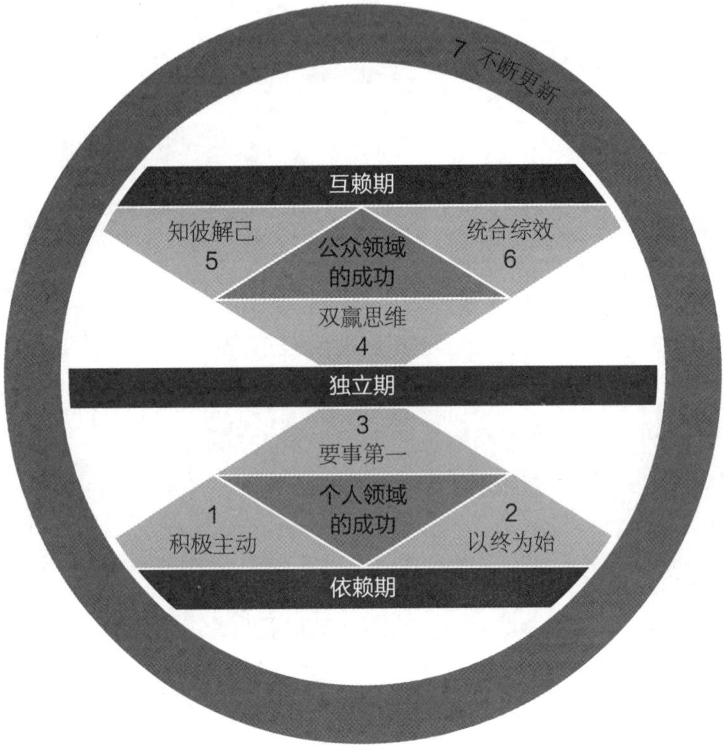
7 不断更新
互赖期
知彼解己
5
公众领域
的成功
统合综效
6
双赢思维
4
独立期
3
要事第一
个人领域
的成功
1
积极主动
2
以终为始
依赖期

上帝行事由内而外，尘世行事由外而内；尘世让世人摆脱贫穷，耶稣则先让世人摆脱内心的贫穷，然后由他们自己摆脱贫穷；尘世通过改变环境来造就人，耶稣则通过改变人来造就环境；尘世塑造人的行为，而耶稣改变人的本质。

——埃兹拉·塔夫脱·本森
（Ezra Taft Benson）
美国前农业部部长

我想讲述我的一段亲身经历，因为其中体现了本书的精髓，而且我也希望大家借此体会其中蕴含的基本原则。

若干年前，为了安心写作，我带着全家离开自己从教的大学，去夏威夷休假，在瓦胡岛北岸的拉耶住了整整一年。

每天在海滩上晨跑后，我和桑德拉就把两个还光着脚、穿着短裤的孩子送到学校，而我则到甘蔗地旁边一所僻静的房子里写作，那是我的办公室，美丽而且静谧——没有电话，不用开会。

这间办公室在一所学院旁。一天，我在学院图书馆的书架间漫步，一本特别的书引起了我的兴趣，其中一段文字让我的余生彻底改变了。

我反复玩味这段文字，它主要阐释了这样一个简单的理念：刺激与回应之间存在一段距离，成长和幸福的关键就在于我们如何利用这段距离。

这个理念在我头脑中产生的影响是难以言喻的。虽然一直接受着自我决定论的教育，这句话——“刺激与回应之间存在一段距离”——仍让我感到一股全新的、令人难以置信的力量，我觉得它像是一个素未谋面的新事物，引发了我内心的革命，而且恰逢其时。

在反思中，这句话开始对我的生活模式产生影响。我仿佛跳出了自己的角色，成了一个旁观者，身处那段距离中来观察源自外界的刺激。我可以选择甚至改变回应的方式，还可以选择接受或者至少影响这种刺激。这种内在的自由感令我狂喜。

此后不久，在一定程度上由于这种“革命性”理念的作用，我和桑德拉开始进行深入交流。快到中午的时候，我就骑着摩托车去接她，带上两个学龄前的孩子——一个坐在我们之间，另一个坐在我的左腿上，穿过我办公室旁边的甘蔗地。我们就这样慢慢骑着，除了谈话什么都不做。

路上车很少，而且摩托车声音很小，我们都能清楚地听到彼此讲话。最后我们总会来到一片人迹罕至的海滩，停下车，找一个僻静的地方野餐。

沙滩和岛上的小河彻底吸引了孩子们的注意力，所以，我和桑德拉可以不受干扰地继续交谈。我们每天至少花两个小时深入交流，这样坚持了一年后，我们之间形成了相当程度的理解和信任。

最开始的时候，我们讨论各种有趣的话题——人、理念、事件、子女、我的写作、我们的家人、未来的计划等等。但是，随着交流的逐步深入，我们开始越来越多地讨论内心世界的问题——我们的成长经历、行为模式、感受和自我怀疑。在全心交流的同时，我们还会审视交流的情况以及各自的表现。我们用新颖而有趣的方式利用刺激与回应之间的那段距离，思考自己如何变成了今天的自己以及这些过程如何决定了我们的世界观。

我们在自己的内心世界里探险，发现其刺激程度远远超过了外部世界的任何探险，而且更精彩，更有趣，更引人入胜，更加充满发现和感悟。

这个过程并非总是甜蜜而轻松，我们偶尔也会触及一些敏感的神经，也有过一些痛苦的经历、尴尬的往事和自我解剖，让我们在敞开心扉的同时，也更容易受伤。然而，我们发现，其实多年来两个人都一直盼望着能就这些事情好好聊聊，至于那些敏感问题，在经过双方的深入探讨和解决后，我们都能感到伤口渐渐愈合。

从一开始，我们就极力互相支持、鼓励和体谅，这让我们能够更进一步地探索彼此的内心世界，而我们之间的关系也得到滋养。

我们逐渐有了两项心照不宣的基本规则。一是“不要刨根问底”：无论哪个人露出了内心最脆弱的一面，另一人都不得追根究底，而是要尽力体谅对方，否则就显得太过咄咄逼人、霸道和刻板。因此尽管我们心里很渴望尽可能多地了解，还是渐渐认识到必须选择适当的时机来让双方倾吐心事。

二是在话题过于尖锐或痛苦的时候，我们就要及时打住，晚些时候或者第二天，等到当事人愿意时再说。

这种交流中最艰难也最有成效的时刻，就是在两个人的脆弱相互触碰之时。由于主观情绪作怪，我们可能会发现刺激与回应之间的距离已不复存在，不祥的感觉开始露头，好在我们之间存在着默契和共同的愿望：时刻准备在曾经中断的地方重新开始，重新面对这些问题，直至解开彼此的心结。

这些困境的出现与我的性格倾向有关。我父亲是个非常孤僻的人，他内向而谨慎。而我母亲则一直很外向、坦诚和率真。我发现自己同时具有这两种倾向：当缺乏安全感时，我往往就会变得像父亲那样孤僻，小心地观望着外面的世界。

桑德拉更像我母亲，她擅长交际，真诚而率真。这么多年来，我常常觉得她的坦诚有欠体统，她则觉得我的拘谨无论对个人还是对社交来说都是一种“机能障碍”。在深入交流中，我们谈到了这些和其他许多问题。我开始欣赏并珍惜桑德拉的智慧和洞察力，她让我变得更加坦诚和敏锐，更具奉献精神和交际能力。

在夏威夷的那段日子让我们收获颇丰，交流变得卓有成效，我们几乎能够瞬间理解彼此的想法。离开那里时，我们决心将这种实践进行到底。在那之后的许多年里，我们仍然定期骑着自行车出行，如果天气不好就开车，目的就是交谈。我们认为爱情保鲜的秘诀就是交谈，特别是讨论彼此的感受。我们尝试每天都交流数次，即使当我奔波在外时也不例外，那让我感到快乐、安全和珍惜，就像是回到了家里。

成为转型者

有人说过：“我们能赠予子孙的永存遗产只有两种——根和翅膀。”我认为向子女和他人赠予“翅膀”意味着赠予他们自由，让他们摆脱上一代传承下来的消极的行为模式，意味着让他们成为“转型者”。我们应该对这种行为模式加以改进，而不是直接传给下一代，而改进的方式一定是要有利于建立人际关系的。

童年遭受过父母虐待的孩子，长大后不一定要虐待自己的孩子。尽管很多证据表明，人们倾向于遵循上一代传承下来的行为模式，但是只要你能够积极处事，就可以改变这种行为模式，你可以选择善待子女、肯定子女，用积极的方式教育他们。

这些你都可以写在个人使命宣言里，想着在“每天的个人领域的成功”中将它付诸实施，慢慢地学着爱和原谅父母，如果他们还健在，就要争取通过理解来与他们建立积极的关系。

在你的家族中已经延续数代的趋势可以在你这里画上一个句号。你是一个转型者，连接着过去和未来，你自身的变化可以影响到后世的许多人。

萨达特是20世纪的一位强大的转型者，他留下的遗产之一就是让我们对变革有了深刻的理解。对萨达特来说，“过去”是阿拉伯人和以色列人之间那道“猜忌、畏惧、仇恨和误解的高墙”，而“未来”就是看起来不可避免的冲突和分裂。谈判处处碰壁，就连形式和程序方面也无法达成共识，双方甚至会为协议草案中一个无关紧要的逗号或句号而争执不下。

当其他人试图用一些表面功夫来缓和僵局的时候，萨达特却总结了早年牢狱生活的经验，开始从问题的根源下手，从此改变了数百万人的人生历程。

七个习惯浇灌出来的最高级、最美好和最甘甜的果实就是齐心协力，就是把自己、爱人、朋友和同事合而为一。正因为多数人都曾品味过齐心协力的甜美，也忍受过勾心斗角的苦涩，所以才知道前者是多么宝贵而脆弱。

塑造绝对诚信的品德以及把爱和服务作为生活内容的确有助于实现上述的齐心协力，但是显然不是朝夕之功，而且治标不治本。不过并非没有实现的可能，前提是我们要以正确的原则为生活中心，摆脱以其他因素为生活中心的行为模式，并跳出不良习惯的“温床”。

我们有时也会犯错，并因此感到尴尬。但是，只要我们从“每天的个人领域的成功”做起，由内而外地努力，总会取得成果。而且播种、除草、培植的过程本身就能够让我们感受到成长的喜悦，直到品尝到美满生活的甜美果实。

再次引用爱默生的名言：“在我们的不懈努力下，事情变得可以迎刃而解，这并不是因为任务的性质发生了变化，而是因为我们的能力增强了。”

只要我们在生活中坚持正确的原则，在实践和增强实践能力之间找到平衡点，就能够创造有效能、有意义而且充满祥和的人生——为自己，也为后世子孙。

第四代时间管理
——办公室的一天

以下的练习和分析旨在帮助你了解第二象限事务为中心的思维模式在企业环境中具有哪些实际作用。

假设你是一家大型制药企业的市场营销主管，即将在办公室里开始平凡的一天。当你查看这一天的活动安排时，估计出了每项活动所花费的时间。

这个没有排定优先顺序的列表包括以下内容：

1. 你想与总经理共进午餐（1～1.5小时）。

2. 你在前一天接到指示，要编列明年媒体广告的预算（2～3小时）。

3. 处理“待处理”文件，其数量远远超过“已处理”的文件（1～1.5小时）。

4. 你要和销售经理谈谈上个月的销售情况；他的办公室在走廊的另一头（4小时）。

5. 你要处理一些信件，秘书说这些都是急件（1小时）。

6. 你想翻阅办公桌上堆着的医学杂志（0.5小时）。

7. 你要为下个月召开的销售会议准备发言稿（2小时）。

8. 有传言说，上一批X产品没有通过质量检查。

9. 食品药品管理局的人希望你回个电话，讨论关于X产品的问题（0.5小时）。

10. 下午两点要召开主管会议，但议程不明（1小时）。

现在，花几分钟时间，运用你从习惯一、二、三中学到的可能对你有所帮助的内容，有效地安排这一天的活动。

我只要你确定一天的计划，因而自然就忽略了对第四代时间管理而言至关重要的一周的复杂背景。但是，即使在9小时的框架下，你也能体会到以原则为基础的第二象限事务为中心的思维的巨大作用。

很显然，列表中的大多数活动都是第一象限事务的活动。除了第六项（翻阅医学杂志）之外，其他所有内容似乎都是重要而紧迫的。

如果你是第三代时间管理者，你就会根据首要价值观和目标来安排活动的先后顺序，也许会给每项活动标上字母A、B、C，然后又在每个A、B、C下面标出1、2、3。你也许会考虑实际情况，比如其中涉及的人是否有空，以及吃午餐所需要的合理时间。最后，你会基于上述所有因素做出一天的日程安排。

许多第三代时间管理者就是采取了这种方法。他们会列出日程表，安排何时做何事，基于哪种明确的假设。他们会在这一天完成，至少启动其中大部分工作，把剩余内容顺延到第二天或其他时间。

例如，大多数人表示，他们会利用上午8~9点的时间查明主管会议的具体议程，以便为会议做好准备；确定与总经理共进午餐的时间；给食品药品管理局的人回电话。他们通常打算利用接下来的一两个小时与销售经理谈话；处理最重要和最紧迫的信件；确认关于上一批X产品没有通过质量检查的传言。上午的剩余时间用于准备与总经理在午餐桌上的谈话内容和（或）两点的主管会议，或者处理围绕X产品或上个月的销售情况出现的任何问题。

下午的时间通常用于处理上述工作的未完成部分，和（或）尽量处理其他最重要和最紧迫的信件，处理一部分“待处理”文件，以及其他可能会在这一天出现的既紧迫又重要的事务。

大多数人认为，编列明年媒体广告预算和准备下月销售会议发言稿的工作可以放一放，等到第一象限事务不太多时再说。这两项工作显然属于第二象限事务的范畴，涉及长远思考和规划。翻阅医学杂志的事情仍然放在一边，因为它显然属于第二象限事务，也许还不如刚才提到的两项活动来得重要。

这就是第三代时间管理者通常具有的思维，尽管他们的具体日程安排也许会各有不同。

你在规划这些活动的时候会采取哪种方法？是否与第三代时间管理者的方法相似？你是否会采取第二象限事务为中心、第四代的方法？（参阅第128页的“时间管理矩阵”。）

要事第一，事半功倍

下面我们用以第二象限事务为中心的方法分析上述内容。这只是可能的方案之一，我们还可以拟定其他符合第二象限事务为中心的思维的方案，不过，下面这一方案真的很能体现第二象限事务为中心的思维模式。

作为第二象限事务的管理者，你要明白，大多数“产出”活动属于第一象限事务的范畴，大多数“产能”活动属于第二象限事务的范畴。管理好第一象限事务的唯一途径就是重视第二象限事务，而最重要的就是未雨绸缪和抓住机遇，同时要有勇气对第三和第四象限事务的活动说“不”。

下午两点的主管会议 假设下午两点的主管会议没有预定的议

程，或者，你抵达会场之后才能知道议程。这种情况司空见惯，无怪乎人们往往毫无准备，“信口开河”。此类会议通常很混乱，只关注第一象限事务（既重要又紧迫的），而大家又对此一无所知。这些会议通常是会而不议，议而不决，只有负责人的虚荣心得到了满足。

多数情况下，第二象限事务被列为“其他事务”。按照帕金森定律（Parkinson's Law）——“安排多少时间，就会有多少工作”，往往没有时间讨论这些内容。即使有时间，与会者也已精疲力竭，顾不上第二象限事务了。

为了跨入第二象限事务，你首先要挤进议程，然后才能就强化主管会议作用的问题发言。你不妨在上午花1～2小时准备这个发言。即使发言只有几分钟也没关系，你可以引起大家的兴趣，以便在下次会议上做更详细的阐述。发言的主题是：每次会议须制订明确的目标与完善的议程，让所有与会者有机会建言献策。最终议程应由主席确定，重点是具有开创性的第二象限事务，而不是机械的第一象限事务。此外，会后应尽快分发会议纪要，布置具体任务并确定完成的最后期限。把完成情况列入未来会议的议程以供检查，而且议程要提前宣布，以便与会者做好准备。

这就是根据第二象限事务为中心的思维模式可能采取的措施。它要求我们高度积极主动，有勇气挑战惯例——你根本不需为这些活动做出日程安排。它还要求你深思熟虑，以免在主管会议上出现尴尬局面。

其他各项工作，多半可按这种第二象限事务为中心的思维来处理，只有给食品药品管理局回电话也许是个例外。

给食品药品管理局的主管回电话　为了搞好关系，你应在上午回电话，这样如果发现问题也能及时处理。这也许很难授权别人，因为涉及的对方可能具有第一象限事务的文化，找你的人可能想要你本人（而不是代办者）回电话。

作为主管，你可以尝试直接影响本组织的文化，但你的影响圈也许还没大到足以影响食品药品管理局的文化，所以你只能满足他们的要求。如果你发现电话中暴露的问题是由来已久或长期积累的，你也许应该借助第二象限事务为中心的思维来应对，以免日后重蹈覆辙。不管是抓住机会改善与食品药品管理局的关系，还是以未雨绸缪的方式解决问题，二者都要求你的积极主动。

与总经理共进午餐 你或许会发现，这是在轻松气氛中讨论第二象限事务的难得机会。你可以在上午花半小时到一小时做适当的准备，也可以干脆把它当作一次社交活动，认真聆听就好，或者根本没有任何计划。无论是哪种情况，这都是你与总经理搞好关系的大好机会。

编列媒体广告预算 就第二项活动而言，你可以找来与此项业务直接相关的两三个部属，要他们提出“业务方案”（也就是大致上只需你签字同意即可的报告），或是提出两三种周密方案及其相应后果以供选择。这也许要占去整整一个小时：分析预期效果、方针、可用资源、责任归属和成果评估。不过，你只需投入一个小时，就能让持不同意见的员工发表精辟见解。如果你此前不曾采用过这种方法，起初也许要花较多的时间训练他们，比如“业务方案”的含义，如何围绕分歧统合综效，其他的可选方案及其后果等等。

“待处理”文件和信件 与其一味忙于处理“待处理”文件，不如花一点时间（也许是半小时到一小时）训练你的秘书，使他（她）

逐渐具备处理“待处理”文件（和第五项中的信件）的能力。训练可能持续数周甚至数月，直到秘书或助手真正能把结果，而不是方法，作为思考重点为止。

秘书在接受训练后可以做到：浏览所有的信件和“待处理”文件，对它们加以分析，尽可能自行处理。如果无法自行处理，则细心整理，分出轻重缓急并附上建议或说明，由你做出决定。这样一来，过不了几个月，秘书或行政助手就能处理80%～90%的“待处理”文件和信件，往往比你自己处理得还要妥帖，因为你集中考虑的是第二象限事务的机遇，而不是第一象限事务的问题。

销售经理和上月的销售情况 可以这样来处理：你与销售经理一起全面分析各种关系和绩效协议，看看是否应用了第二象限事务为中心的方法。本项练习不会明示你该与销售经理谈些什么，但假设发现了第一象限事务的问题，你就可以采取第二象限事务为中心的方法，致力于解决长期性的隐痛，同时用第一象限事务的方法解决眼下的问题。

以第二象限事务为中心的思维出发，你还可以训练秘书与销售部门联系，有要事才向你报告。或许你有必要让销售经理及其主要下属明白，你的首要职责是领导而不是管理。他们慢慢会明白，与秘书打交道，其实能更妥善地解决问题。这样你就能解放出来，专注于第二象限事务的领导工作。

翻阅医学杂志 阅读医学杂志是第二象限事务，你也许想暂时搁置，但这正是你长期保持专业素质和信心的关键所在。因此，你可以在下次部门会议上提议，建立员工阅读医学杂志的系统化制度。员工可以分别研读不同的杂志，然后在部门会议上介绍其学习心得。

他们还可以向他人建议确有必要阅读和理解的重要文章或节选。

为下月的销售会议做准备 第二象限事务为中心的做法是，召集一小批下属，要求他们对销售人员的需求展开全面分析，并在一星期或十天内向你递交一份“业务方案”，让你有时间修改并付诸实施。他们可以与每位销售人员面谈，了解其忧虑和真实需求，或者是抽样调查，以期使销售会议的议程能切合实际，而且要提前公布，让销售人员做好准备，以恰当的方式参与其中。

你不必亲自动手，可以把这项任务授权少数持不同观点、具不同经验的代表。让他们展开创造性交往，把最后的建议递交给你。如果他们不习惯于这样的任务，你可以用部分的会议时间进行培训，让他们了解这样做的用意以及对他们自己的好处。换句话说，你要训练他们学会高瞻远瞩，对交办的任务有责任感，彼此分工合作，在特定期限内高质量地完成任务。

X产品和质量检查 让我们分析第八项，X产品没有通过质量检查。第二象限事务为中心的方法就是彻底调查，看这个问题是否由来已久或是长期积累的结果。如果是，你可以指派专人深入分析研究并提出解决方案，或干脆授权他们按此方案办理，最后向你通报结果。

运用第二象限事务为中心的思维来安排日程，结果是你把大部分时间用于授权、训练、准备主管会议发言、打一通电话、吃一顿收效颇丰的午餐。只要采取重视“产能”的长效手段，再过数周或数月，你可能就不会再被急事缠身了。

阅读以上做法时，你也许认为过于理想化了。你也许纳闷，难道第二象限事务为中心的经理完全不用应对紧急事件吗？

我承认确实有点理想化。但本书的主旨并非低效能人士的习惯，而是高效能人士的习惯。而高效能原本就是要努力争取，有待实现的理想。

当然，你必然会在第一象限事务上花一些时间，即使准备最周密的第二象限事务有时也无法完成。然而，第一类的事件可由此而大幅减少，变得比较易于处理。这样你就不会时时处于压力过大的危机氛围，也就不会对你的判断力和健康造成消极影响。

这无疑需要相当大的耐心和毅力，你眼下也许无法以第二象限事务为中心的方法处理所有，甚至大部分活动，但如果你能在其中几项上取得突破，就会有助于第二象限事务为中心的思维在他人和自己的头脑中扎根，那么随着时间的推移，相关业绩就会出现惊人的增长。

我承认，在家庭或小企业中，这种授权可能是行不通的。不过，这并不排斥第二象限事务为中心的思维。这种思维仍然能在你的影响圈里独辟蹊径，帮助你想出其他的第二象限事务为中心的办法来减少或减轻第一象限事务的危机。

你是哪种类型的人

——生活中心面面观

你的生活中心	你对生活中各个领域的看法是什么?				
	配偶	家庭	金钱	工作	财富
配偶	●满足需求的主要来源	●维持现状 ●不太重要 ●由夫妻共同维护	●让配偶衣食无忧所必需的	●挣钱养活配偶所必需的	●关爱、打动或支配配偶的手段
家庭	●家庭的一部分	●重中之重	●家庭经济的支柱	●实现家庭理想的手段	●带给家庭安逸和机遇
金钱	●赚钱的资本或负担	●经济负担	●安全感和满足感的来源	●赚钱所必需的	●经济成功的证据
工作	●工作的助力或阻力	●帮助或干扰工作 ●培养家人的敬业精神	●次要 ●辛勤工作的证据	●满足感和成就感的主要来源 ●重中之重	●提高工作效率的手段 ●工作的成果和证明
财富	●主要财富 ●获取财富的帮手	●可供使用、利用、支配、压制和控制的财富 ●炫耀	●增加财富的关键 ●可供炫耀的财富	●获取地位、权势和认可的机会	●地位的标志
享乐	●享受乐趣的同伴或阻碍	●载体或干扰	●增加享乐机会的手段	●达到目的的手段 ●愿意从事有趣的工作	●乐趣的客体 ●获取更多乐趣的手段
朋友	●可能是朋友,可能是对手 ●社会地位的象征	●朋友或建立友谊的障碍 ●社会地位的象征	●良好经济和社会状况的根源	●社会机遇	●收买友谊的手段 ●消遣或提供社交娱乐的手段

你的生活中心	你对生活中其他领域的看法是什么？					
	享乐	朋友	敌人	宗教	自我	原则
配偶	●一起活动或无足轻重	●配偶是最好或唯一的朋友 ●只有“我们的”朋友才是朋友	●配偶捍卫我的利益，或者共同的敌人令我们的婚姻稳固	●共同享受乐趣的活动 ●仅次于婚姻关系	●由配偶决定自我价值 ●极易受到配偶态度和行为的影响	●与配偶建立并维持关系的理念
家庭	●家庭活动或相对次要	●家庭的朋友，否则会引起争斗 ●稳固家庭生活的威胁	●由家庭决定 ●家庭团结稳固的根源 ●可能对家庭团结构成威胁	●求助的对象	●家庭的重要部分，但地位次于家庭	●保持家庭团结稳固的规则 ●次于家庭
金钱	●经济负担，或者经济压力的标志	●由于经济地位或影响力而结交	●经济上的竞争者 ●经济稳定的威胁	●税金减免 ●花钱的地方	●自我价值由净资产决定	●赚取和管理钱财的有效方法
工作	●浪费时间 ●干扰工作	●由于工作环境或志趣相投而结交 ●基本不必要	●工作效率的障碍	●对企业形象至关重要 ●占用时间 ●建立职业关系网的机会	●由工作中发挥的作用决定	●让你在工作中获得成功的理念 ●适应工作环境所必需的
财富	●逛街，购物，加入俱乐部	●个人所有 ●可供利用	●掠夺者、强盗 ●拥有更多财富或更高声望的人	●“我的”教堂，地位的象征 ●不公正批评和生活中美好事物的根源	●由我拥有的财产决定 ●由社会地位和声望决定	●让你获取和增加财富的观念
享乐	●生活中至高无上的目标 ●满足感的主要来源	●共享乐趣的伙伴	●过于认真地看待生活 ●带来罪恶感的人，破坏者	●麻烦，娱乐的障碍 ●带来罪恶感	●享乐的工具	●必须得到满足的固有冲动和本能
朋友	●与朋友一起总是很快乐 ●以社交活动为主	●对个人的快乐至关重要 ●归属感、得到接纳和受欢迎至关重要	●社交圈以外 ●共同的敌人会巩固或缔结友谊	●社交聚会的场所	●由社会决定 ●害怕尴尬或遭到排斥	●让你与别人和睦相处的基本法则

你的生活中心	你对生活中各个领域是怎样看待的?				
	配偶	家庭	金钱	工作	财富
敌人	● 同情者或替罪羊	● 避难所(情感支持)或替罪羊	● 对抗或证明高人一等的手段	● 逃避方式或者发泄情绪的机会	● 斗争工具 ● 争取盟友的手段 ● 逃避,寻找避难所
宗教	● 为教堂服务的同伴或帮手 ● 信仰的考验	● 贯彻宗教教义的榜样 ● 信仰的考验	● 支持教会和家庭的手段 ● 如果比为教会或教义服务更重要,则是罪恶	● 维持世俗生活所必需的	● 世俗财富毫不重要 ● 名誉和形象极其可贵
自我	● 财富 ● 令自己满足和快乐	● 财富 ● 满足需求	● 满足需求的来源	● "自行其是"的机会	● 自我界定、保护和提高的来源
原则	● 在互利互赖关系中的平等伙伴	● 朋友 ● 服务、贡献和成就的机会 ● 改写几代人的行为模式和变革的机会	● 完成要务和重要目标的资源	● 以富有成效的方式运用才华和能力的机会 ● 获取经济资源的手段 ● 与其他时间投入相均衡的时间投入,与生活中的要务和价值观相一致	● 可供利用的资源 ● 让别人得到适当关怀和照料的责任 ● 与人相比是次要的

你的生活中心	你对生活中其他领域是怎样看待的?					
	享乐	朋友	敌人	宗教	自我	原则
敌人	●下一次战斗前的休息放松时间	●情感上的支持者和同情者 ●可能由于共同的敌人而结下友谊	●仇恨的对象 ●个人烦恼的根源 ●自我保护和自我辩白的原因	●自我辩护的根源	●受害 ●受制于敌人	●指责敌人的理由 ●敌人错误的根源
宗教	●"无害"的乐趣，是与其他教友聚会的机会 ●其他娱乐是有害的，是浪费时间，应该禁止	●其他教友	●无信仰的人；不赞同宗教教义的人，或者生活方式完全违背教义的人	●生活方向的最重要指引	●自我价值由宗教活动、对教会的贡献或按教义行事的表现决定	●宗教信条 ●比宗教次要
自我	●应得的感官享受 ●"我的权力" ●"我的需求"	●"我"的支持者和供应者	●自我界定、自我辩白的根源	●服务私利的手段	●比别人优秀、聪明、正确 ●集中一切资源满足个人需求	●辩白的根源 ●最能为我的利益服务的理念；可以根据需求不同做出调整
原则	●目标明确的生活中，几乎所有活动产生的乐趣 ●真正的娱乐是平衡而全面的生活方式的重要组成部分	●互赖生活中的同伴 ●知心人——能倾吐心声，能提供服务和支持	●没有真正意义上的"敌人"；只是思维方式和考虑角度不同，应该予以理解和关心	●真正原则的载体之一 ●服务和贡献的机会	●是诸多独特、有才华、富有创造力的个体当中的一个。这些个体独立和互赖地工作，能完成伟业	●永恒的自然法则，一旦违背，必受惩罚 ●得到遵循时，能维护尊严，从而实现真正的成长和幸福

制订你的周计划

每周日程安排	
角色	目标
	______ ______ ______
	______ ______ ______
	______ ______ ______
	______ ______ ______
	______ ______ ______
	______ ______ ______
	______ ______ ______

不断更新

身体______

智力______

精神______

社会/情感______

第　周	周日	周一
本周要务	本日要务	
	约会/任务	
	8	8
	9	9
	10	10
	11	11
	12	12
	1	1
	2	2
	3	3
	4	4
	5	5
	6	6
	7	7
	8	8
	晚上	晚上

周二	周三	周四	周五	周六
		本日要务		
		约会/任务		
8	8	8	8	8
9	9	9	9	9
10	10	10	10	10
11	11	11	11	11
12	12	12	12	12
1	1	1	1	1
2	2	2	2	2
3	3	3	3	3
4	4	4	4	4
5	5	5	5	5
6	6	6	6	6
7	7	7	7	7
8	8	8	8	8
晚上	晚上	晚上	晚上	晚上

富兰克林柯维中国数字化解决方案：

「柯维+」（Coveyplus）是富兰克林柯维中国公司从2020年开始投资开发的数字化内容和学习管理平台，面向企业客户，以音频、视频和文字的形式传播富兰克林柯维独家版权的原创精品内容，覆盖富兰克林柯维公司全系列产品内容。

「柯维+」数字化内容的交付轻盈便捷，让客户能够用有限的预算将知识普及到最大的范围，是一种借助数字技术创造的高性价比交付方式。

如果您有兴趣评估「柯维+」的适用性，请添加微信coveyplus，联系柯维数字化学习团队的专员以获得体验账号。

富兰克林柯维公司在中国提供的解决方案包括：

I. 领导力发展：

高效能人士的七个习惯®(标准版) The 7 Habits of Highly Effective People®	THE 7 HABITS of Highly Effective People® SIGNATURE EDITION 4.0	提高个体的生产力及影响力，培养更加高效且有责任感的成年人。
高效能人士的七个习惯®(基础版) The 7 Habits of Highly Effective People® Foundations	THE 7 HABITS of Highly Effective People® FOUNDATIONS	提高整体员工效能及个人成长以走向更加成熟和高绩效表现。
高效能经理的七个习惯® The 7 Habits® for Manager	THE 7 HABITS® FOR Managers ESSENTIAL SKILLS AND TOOLS FOR LEADING TEAMS	领导团队与他人一起实现可持续成果的基本技能和工具。
领导者实践七个习惯® The 7 Habits® Leader Implementation	THE 7 HABITS® Leader Implementation COACHING YOUR TEAM TO HIGHER PERFORMANCE	基于七个习惯的理论工具辅导团队成员实现高绩效表现。
卓越领导4大天职™ The 4 Essential Roles of Leadership™	The 4 Essential Roles of LEADERSHIP™	卓越的领导者有意识地领导自己和团队与这些角色保持一致。
领导团队6关键™ The 6 Critical Practices for Leading a Team™	THE 6 CRIRICAL PRACTICES FOR LEADING A TEAM™	提供有效领导他人的关键角色所需的思维方式、技能和工具。
乘法领导者® Multipliers®	MULTIPLIERS® HOW THE BEST LEADERS IGNITE EVERYONE'S INTELLIGENCE	卓越的领导者需要激发每一个人的智慧以取得优秀的绩效结果。
无意识偏见™ Unconscious Bias™	UNCONSCIOUS BIAS™	帮助领导者和团队成员解决无意识偏见从而提高组织的绩效。
找到原因™：成功创新的关键 Find Out Why™: The Key to Successful Innovation	Find Out WHY™ THE KEY TO SUCCESSFUL INNOVATION	深入了解客户所期望的体验，利用这些知识来推动成功的创新。
变革管理™ Change Management™	CHANGE How to Turn Uncertainty Into Opportunity™	学习可预测的变化模式并驾驭它以便有意识地确定如何前进。

培养商业敏感度™ Building Business Acumen™	Building Business Acumen™	提升员工专业化，看到组织运作方式和他们如何影响最终盈利。

II. 战略共识落地：

高效执行四原则® The 4 Disciplines of Execution®	4DX The 4Disciplines of Execution®	为组织和领导者提供创建高绩效文化及战略目标落地的系统。

III. 个人效能精进：

激发个人效能的五个选择® The 5 Choices to Extraordinary Productivity®	THE 5 CHOICES® to extraordinary productivity	将原则与神经科学相结合，更好地管理决策力、专注力和精力。
项目管理精华™ Project Management Essentials for the Unofficial Project Manager™	PROJECT MANAGEMENT ESSENTIALS™ For the *Unofficial* Project Manager	项目管理协会与富兰克林柯维联合研发以成功完成每类项目。
高级商务演示® Presentation Advantage®	Presentation Advantage® TOOLS FOR HIGHLY EFFECTIVE COMMUNICATION	学习科学演讲技能以便在知识时代更好地影响和说服他人。
高级商务写作® Writing Advantage®	Writing Advantage® TOOLS FOR HIGHLY EFFECTIVE COMMUNICATION	专业技能提高生产力，促进解决问题，减少沟通失败，建立信誉。
高级商务会议® Meeting Advantage®	Meeting Advantage® TOOLS FOR HIGHLY EFFECTIVE COMMUNICATION	高效会议促使参与者投入、负责并有助于提高人际技能和产能。

IV. 信任：

信任的速度™（经理版） Leading at the Speed of Trust™	Leading at the SPEED OF TRUST™	引领团队充满活力和参与度，更有效地协作以取得可持续成果。
信任的速度®(基础版) Speed of Trust®: Foundations	SPEED OF TRUST. FOUNDATIONS	建立信任是一项可学习的技能以提升沟通，创造力和参与度。

V. 顾问式销售：

帮助客户成功® Helping Clients Succeed®	HELPING CLIENTS SUCCEED®	运用世界顶级的思维方式和技能来完成更多的有效销售。

VI. 客户忠诚度：

引领客户忠诚度™ Leading Customer Loyalty™	LEADING CUSTOMER LOYALTY™	学习如何自下而上地引领员工和客户成为组织的衷心推动者。

助力组织和个人成就卓越

富兰克林柯维管理经典著作

《高效能人士的七个习惯》

（30周年纪念版）

书号：9787515360430

定价：79.00元

《高效能家庭的7个习惯》

书号：9787500652946

定价：59.00元

《高效能人士的第八个习惯》

书号：9787500660958

定价：59.00元

《要事第一》（升级版）

书号：9787515363998

定价：79.00元

《高效执行4原则2.0》

书号：9787515366708

定价：69.90元

《高效能人士的领导准则》

书号：9787515342597

定价：59.00元

《生命中最重要的》

书号：9787500654032
定价：59.00元

《管理精要》

书号：9787515306063
定价：39.00元

《执行精要》

书号：9787515306605
定价：49.90元

《领导力精要》

书号：9787515306704
定价：39.00元

《杰出青少年的7个习惯》（精英版）

书号：9787515342672
定价：39.00元

《杰出青少年的7个习惯》（成长版）

书号：9787515335155
定价：29.00元

《杰出青少年的6个决定》（领袖版）

书号：9787515342658
定价：49.90元

《7个习惯教出优秀学生》（第2版）

书号：9787515342573
定价：39.90元

《如何管理时间》

书号：9787515344485
定价：29.80元